一学就会的趣味电子制作

俞虹 著

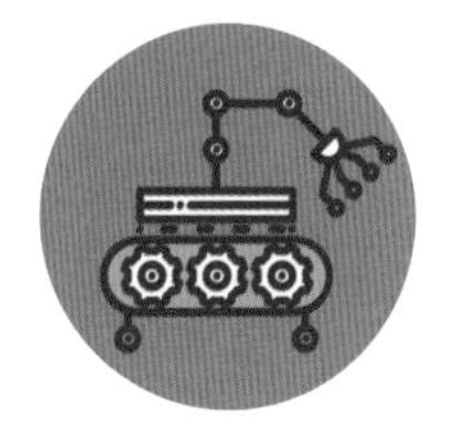

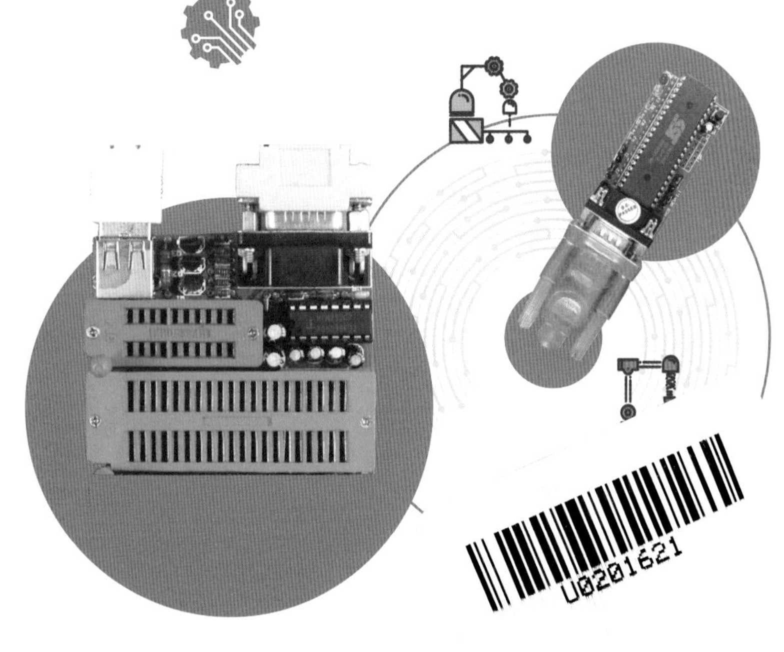

化学工业出版社
·北京·

内容简介

本书汇集了作者近年来创作的电子制作作品，包括门铃与耳机、照明灯、充电器、灯光控制、智能家居、收音机与手电筒、仪器与仪表、电子玩具和其他方面的电子制作，共56例。

本书适合广大电子爱好者和大中专学生阅读，也可以供中小企业设计新产品时参考。

书中内容新颖有趣：用图说话，以生动的图片为读者展示制作细节；案例均来源于生活，实践性强；将作者多年物理创新制作汇聚于此，内容充实；全彩印刷，附赠编程资源，方便读者应用、举一反三。

图书在版编目（CIP）数据

一学就会的趣味电子制作/俞虹著. —北京：化学工业出版社，2023.7

ISBN 978-7-122-42664-2

Ⅰ. ①一… Ⅱ. ①俞… Ⅲ. ①电子器件-制作 Ⅳ. ①TN

中国版本图书馆CIP数据核字（2022）第245153号

责任编辑：李军亮　李佳伶　　装帧设计：张　辉
责任校对：宋　玮

出版发行：化学工业出版社
（北京市东城区青年湖南街13号　邮政编码100011）
印　　装：天津图文方嘉印刷有限公司
710mm×1000mm　1/16　印张10¾　字数233千字
2023年10月北京第1版第1次印刷

购书咨询：010-64518888　　售后服务：010-64518899
网　　址：http://www.cip.com.cn
凡购买本书，如有缺损质量问题，本社销售中心负责调换。

定　　价：68.00元

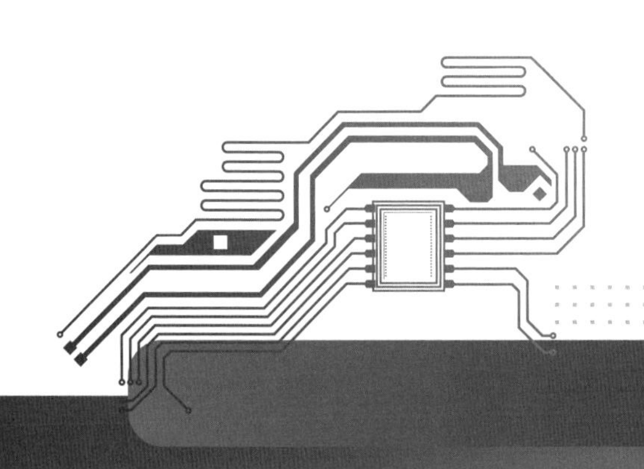

前言

随着科学技术的不断发展，电子技术作为高新技术的一个分支，越来越展现出其重要地位，电子产品也越来越多，并受到广大消费者的欢迎。尽管如此，产品的功能和种类还不能满足人们由于不断提高的生活水平而形成的需求，为了满足广大电子爱好者及其他学习者对电子制作的学习需要，编写了本书。

本书内容详尽，插图丰富，向读者介绍生活、工作中需要的电子制作共56例。这些制作作品大部分都在各类电子刊物发表过，如《无线电》《电子制作》《电子世界》和《电子报》等，有的作品还被多家刊物转载，有的已申请国家专利。同时，作品所采用的器件包括晶体管、集成电路和单片机，通过这些作品的制作，可以让读者在电子技术领域的方方面面得到锻炼。

书中内容有趣，特点鲜明：

（1）用图说话：以工作原理、元件选择、制作与调试三大模块叙述制作过程，不乏生动图片，使读者对制作细节产生具象化认知。

（2）取之于生活，用之于生活：书中电子制作新颖有趣，所有案例均来源于生活，令读者能够举一反三，充分运用至生活实践中。

（3）多年经验汇聚：本书作者是有多年物理教学经验的教师，作者将自己教学生涯的重要经验汇聚于此，以便提升电子爱好者的制作能力。

（4）附赠编程资源：书末附录提供了两个与生活息息相关的单片机汇编程序，使读者能够高效地将所学知识应用并升华。

在本书的编写过程中，得到姜立中、张晓东、肖晓阳、刘秀芳、王捷等同志的帮助，在此向提供帮助的同志表示感谢。

由于时间与精力有限，书中存在不足之处在所难免，恳请批评指正。联系邮箱：8874746 @ 163.com。

一起学电工电子

俞　虹

2021-5-25于福州

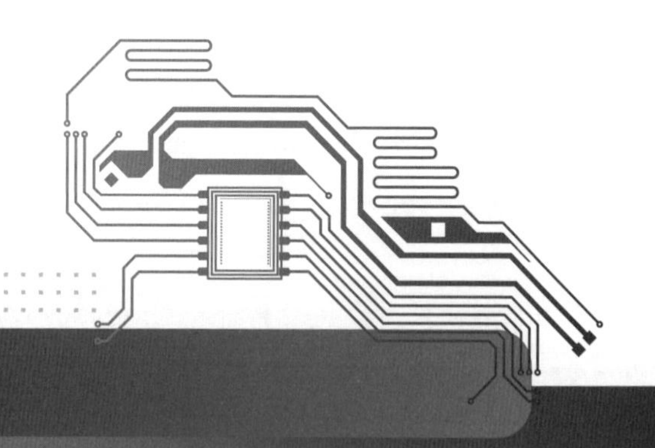

目录

第一章　门铃与耳机制作 / 001

第二章　不一样的照明灯 / 013

第三章　自动充电器 / 027

第四章　控制灯光的独门秘籍 / 033

第八章 趣味电子玩具制作 / 111

第九章 其他趣味制作 / 133

附录 实用单片机程序 / 154

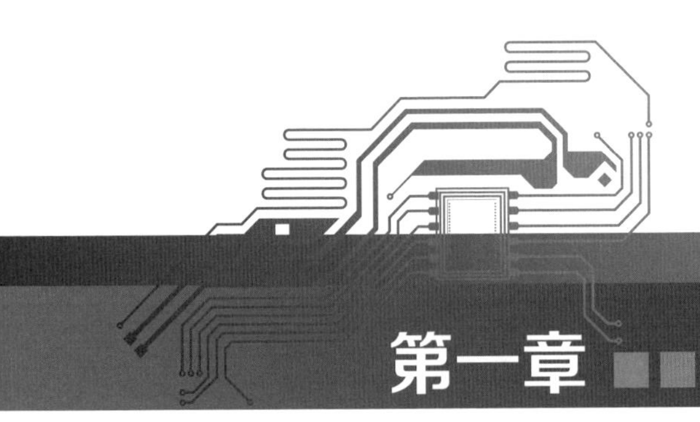

第一章

门铃与耳机制作

1 分立元件双音门铃

现在很多人家中都装有门铃，门铃的种类各种各样。本节向大家介绍一种利用分立元件制作的双音门铃。使用时，只要一按门铃，便会发出音乐声“唆咪哆唆咪哆”，并且按多久响多久，很有特色，不像有的门铃按一下响很久。

工作原理

双音电子门铃的电路原理图如图 1-1 所示。

VT1、VT2 等元件组成了低频振荡器，用于控制后级音频振荡器的振荡频率。电路工作时，电源通过 R1、R2 和 R3 对电容 C1 充电，随着充电的进行，C1 两端电压上升到三极管的导通电压，VT1、VT2 同时开始导通，这时由于电容 C1 的正反馈作用，就

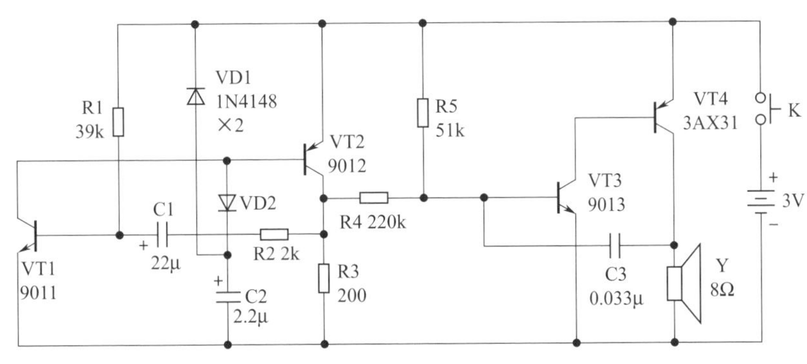

图 1-1　双音电子门铃电路图

使得 VT1、VT2 很快进入饱和状态。当 VT1、VT2 饱和后，电容 C1 经 VT1 的发射结、电源、VT2 的集 - 射极和 R2 进行放电，由于电源的存在放电速度很快，随着放电的进行，C1 两端的电压逐渐下降，C1 又产生了相应的正反馈作用，从而使 VT1、VT2 两管又很快进入截止状态，接着又开始对电容 C1 充电，这样周而复始。为了使电路一开始便处于导通状态，电路中接入二极管 VD1、VD2 和电容 C2，这样则在开始时电源便会通过 VT2 的发射结和 VD2 向 C2 充电，使 VT4 饱和导通，直至两管都饱和导通，扬声器 Y 开始发音乐声“唆”。当松开按钮后，电容 C2 通过 VD1 向电路放电，二极管 VD1 使电容通过电路放电并阻止电源对它直接充电，而 VD2 则防止电容通过 VT1 的集 - 射极放电而影响电路的正常工作，改变 R1、C1 和 C2 可改变振荡频率。

VT3、VT4 组成音频振荡器。原理和上述相似，只不过用扬声器代替了 R3，反馈电路 C3 容量较小而已。由于 VT3 的基极电阻阻值大小影响振荡频率，因此，VT2 截止时，VT3 基极电阻为 R5，振荡器的振荡频率较低，VT2 饱和时，VT3 的基极电阻阻值为 R4 和 R5 的并联阻值，电阻较小，从而使振荡器的振荡频率升高。这样就使音频振荡器频率高、低交替出现，发出“唆咪哆唆咪哆”的音乐声。

元件选择

三极管 VT1 用 9011，VT2 用 9012，VT3 用 9013 或 9011，β 均大于 100，VT4 用 3AX31 或 3AX81，β 大于 60。二极管 VD1、VD2 用 IN4148。电容 C1 用 22μF 6.3V，C2 用 2.2μF 6.3V，如用钽电容则更好。C3 用 0.033μ 涤纶电容。电阻全部用 1/8W 碳膜电阻。扬声器 Y 用 8Ω 0.5W 的电动扬声器。

制作与调试

线路板如图 1-2 所示。先把元件检查一遍，焊接完核对无误后，调 R5 使扬声器 Y 发“咪”音乐声，再调 R1 使“咪”音长短合适，调 R2 使“唆”音长短和“咪”音相当。如发现减小 R1 后电路不振荡，则需减小 R2 的阻值，换用不同容量的电容 C1 再进行调整，直到满意为止。再找一门铃外壳将电路板固定好，双音门铃即制作完毕。为了不影响使用效果，按钮中的触点最好用铜材料制成。

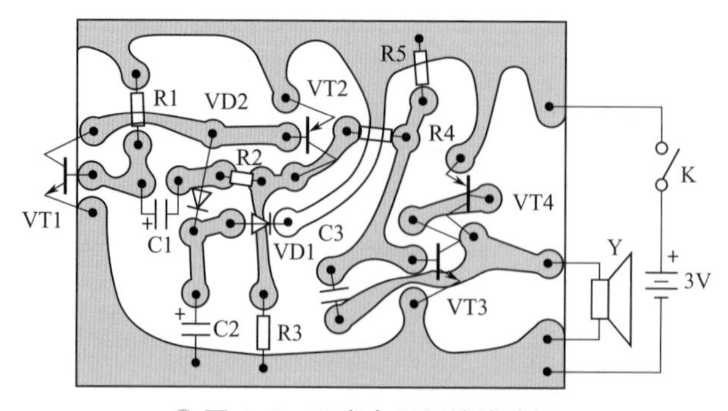

图 1-2　双音电子门铃线路板

2 压式电子门铃

一般电子门铃都采用小型开关进行触发，而这里介绍的是一种新颖的触发方式——压力触发。当按门铃时，只要轻压装在门框上的铜片，门铃便发出“叮咚”声，使用起来轻松、方便，并且耐用。

工作原理

如图 1-3 所示，当手指压动压电片 B1 时，压电片产生的微小电压加到三极管 VT1 的基极进行放大，然后通过电阻 R 的限流后，使输出的电压再通过 VT2 进一步放大，从而使接在 IC 触发端的这只三极管的集 - 射极电阻变小，音乐片触发，IC 中输出音乐信号并由三极管 VT3 进一步进行放大，最后推动扬声器 B 发出音乐声。接在压电片两端的电容 C 是用来防止日光灯等其他电器产生干扰以及机械振动而产生的误触发。

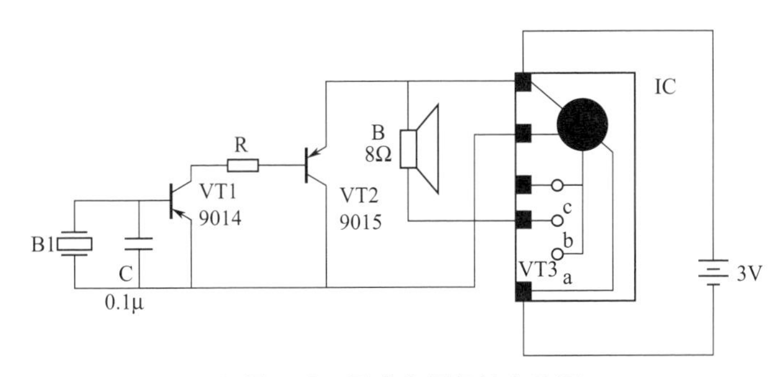

图 1-3　压式电子门铃电路图

元件选择

压电片 B1 选用 ϕ27mm 大小的，必须连接助音腔。三极管 VT1 用 9014，$\beta > 100$。VT3 用 9013，$\beta > 100$。电容 C 用 0.1μF 的瓷片电容。电阻 R 用 10kΩ 的碳膜电阻。音乐片 IC 用发三声“叮咚”声的类型。扬声器 B 用小型 8Ω 的电动扬声器。

制作与调试

先根据电路图（图 1-3）制作一块小电路板，如图 1-4 所示。把电路图中除音乐片、扬声器及电池外的元件全部焊接，再和音乐片连接起来，如图 1-5 所示。元件焊接无误，接线无误后，压动压电片 B1 应能触发。如放手后才触发，需对调 B1 的两线头。如要用较大的力压动时，需调小电阻 R 的阻值，反之，调大电阻阻值。调试正常后，把电路板装入外壳内固定好。另外，需给压电片制作一减振垫，可用橡胶材料制作。安装时先用百得胶将压电片连同助音腔粘在减震垫上，牢固后再把它们粘在一定高度的门框上。

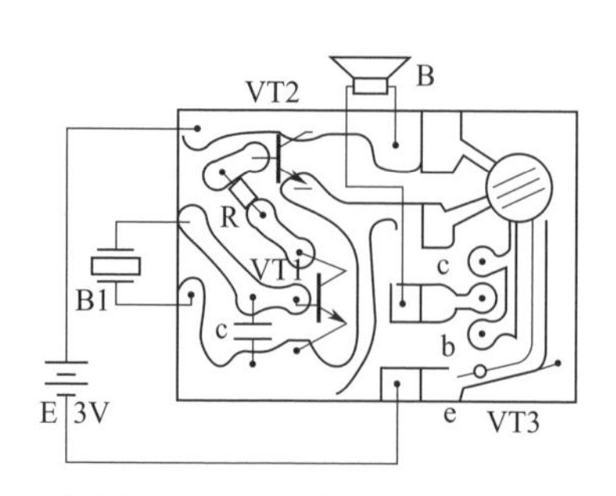

◎ 图 1-4　压式电子门铃线路板

◎ 图 1-5　压式电子门铃实物图

该门铃平时是不耗电的。

3　分立元件接近式电视伴音耳机

由于有一些电视机不带输出耳机插孔，大人收看电视时其伴音常常影响孩子们的学习。如果读者不想在电视机上加装耳机插口，可以采用本节介绍的接近式电视伴音耳机来解决该问题。

工作原理

接近式电视伴音耳机的电路如图 1-6 所示。

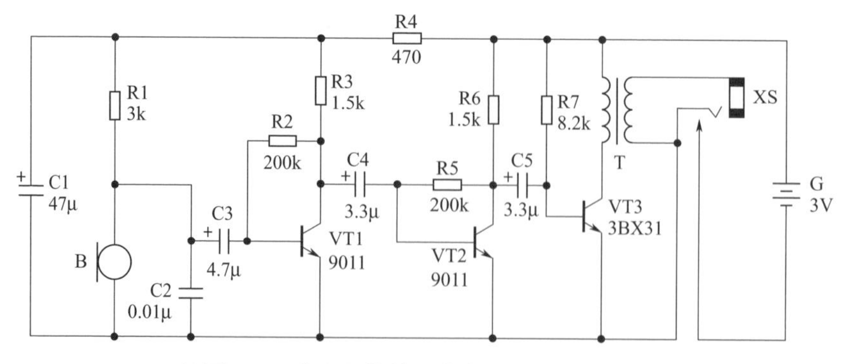

◎ 图 1-6　分立元件接近式电视伴音耳机电路图

本机实际上是一个小信号音频放大器，使用时需要将电视机的音量调到较小以不影响孩子们的学习，将本机放置在电视机扬声器附近，依靠话筒 B 收取电视机扬声器放出的微弱声音，B 将声音转换为相应的电信号经 C3 加到三极管 VT1 的基极，经 VT1 和 VT2 的小信号放大后，再经 VT3 功率放大，由插口 XS 输出，输送到耳机放出声音。

元件选择

VT1、VT2 可用 9011 型等硅 NPN 三极管，$\beta>100$，VT3 最好采用 3BX31 型等锗 NPN 三极管，β 值要求在 60 ～ 80 之间，若不易购到等锗 NPN 三极管，也可采用 9013 型等硅三极管。C2 采用瓷介电容器，其余电容均可用 10V 电解电容器。电阻全部采用 1/8W 型碳膜电阻器。B 为 CRZ2-113F 型驻极体电容话筒。T 为小型晶体管收音机中的输出变压器，中心抽头不用。XS 为 ϕ2.5mm 耳机插孔，买来后要稍作改制方可使用。

改制方法很简单，只要用尖嘴钳将其动触片稍作弯折，使原来的静合接点改为动合接点即可。经改制后的耳机插孔可以兼作电源开关，将耳机插入 XS 时，动合接点闭合，电源接通整机开始工作；拔去耳机时，接点打开，电源自动切断，所以本机不必设置电源开关。耳机可采用 8Ω 低阻耳塞机，要求耳机线长度足够，便于人在距离电视机较远时也能收听到声音。电源用 5 号电池两节。

制作与调试

电视伴音耳机的印制电路板图如图 1-7 所示。印制电路板尺寸为 50mm×30mm。

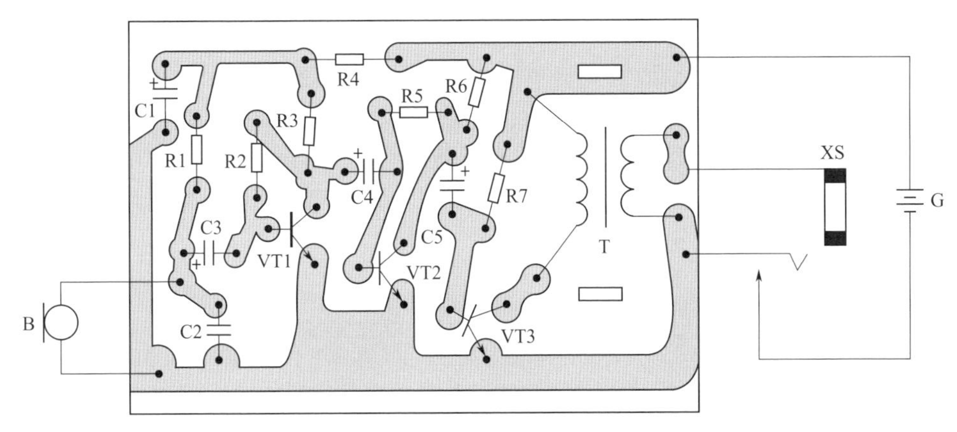

图 1-7　分立元件接近式电视伴音耳机线路板

——用万用电表直流电流挡测量各管的集电极电流，调整 R2 阻值，使 VT1 集电极电流为 0.6mA 左右，调整 R5 阻值，使 VT2 集电极电流在 1mA 左右，调整 R7 阻值，使 VT3 集电极在 20mA 左右。将调试合格的电路装入预先准备好的塑料小盒里，即可投入使用。使用时，将装置贴近电视机扬声器，在 XS 插孔里插入 8Ω 低阻耳塞，根据实际情况调小电视机伴音量，耳塞里就会清晰放出电视伴音声。

4 集成电路接近式电视伴音耳机

由于有些电视机不带耳机插孔，收看电视节目常影响他人，本节介绍的接近式伴音耳机，只要把它靠在声音关小后的电视伴音喇叭前就可以从耳机中听到伴音，这样收看电视时就不会影响他人。并且它使用集成电路做功放，电路简洁、声音动听。

工作原理

图 1-8 是它的工作原理图。

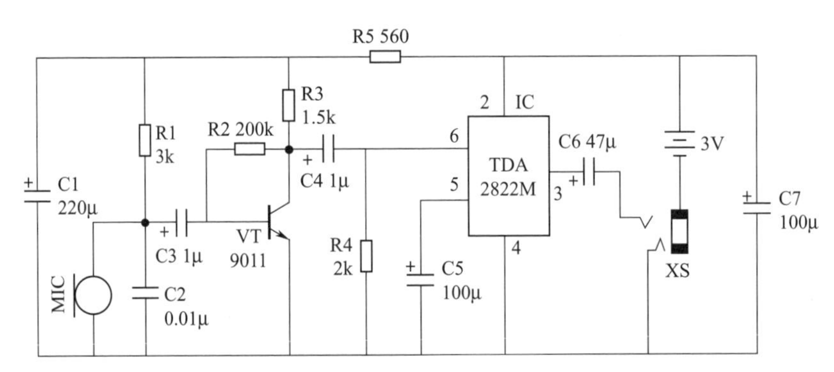

图 1-8　集成电路接近式电视伴音耳机电路图

关小后的伴音由话筒 MIC 转换成信号，再由电容 C1 耦合到 VT 组成的低频放大器进行低频放大，然后由 C4 耦合到 IC（TDA2822M）做功率放大。集成电路 TDA2822M 内有两个相同的功率放大器，但在这里只使用其中的一个。这样经过功放级放大后的伴音信号最后由 C6 耦合到耳机发出较大的声音。C1、C7 和 R5 组成退耦电路，用来防止电路自激。

元件选择

MIC 使用驻极体话筒，灵敏度不要求太高；三极管 VT 使用 9011 或 3DG6 的，β 要求在 50 ～ 100；XS 可选用 3.5mm 的立体声耳机插口，耳机用 8Ω 2m 的单声道耳塞。其他元件无特殊要求。

制作与调试

印刷电路板如图 1-9 所示。制作时先把腐蚀好的电路板按图虚线处挖一个圆孔，装入话筒 MIC，然后用屏蔽线和电路相连接，再按图 1-9 焊好元件。

然后找一外壳，在装话筒的位置处打一些小孔以便声音能传入。最后装入电路板和电池，实物如图 1-10 所示。

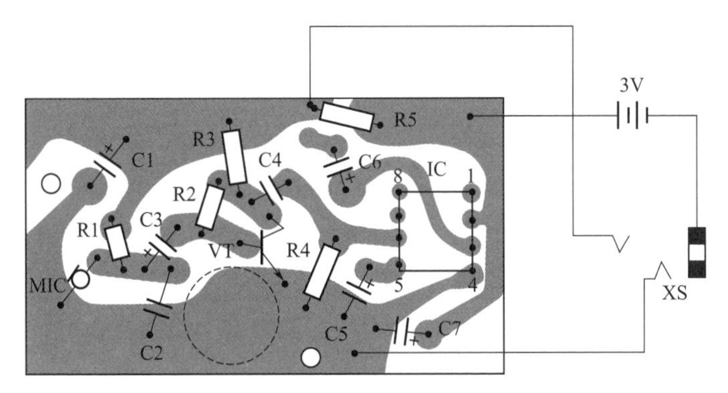

◎ 图 1-9 集成电路接近式电视伴音耳机线路板

◎ 图 1-10 集成电路接近式电视伴音耳机实物图

5 双向调频无线耳机

现在电脑上的耳机一般为有线耳机，这种耳机比较容易出故障，特别是容易出现断线的问题，一旦断线，耳机就只有报废。并且，拉着长长的线也不便于移动。本节介绍的调频无线耳机，采用调频无线电波作为信号的传递载体。因此，可以在一定的距离（5m）内无线移动双向传递信号（即带麦克风的无线耳机）。而且它制作所需要的材料费用也比较低，总共不超出 50 元。

工作原理

（1）头戴耳机电路

电路图如图 1-11 所示。三极管 VT1 和麦克风 MIC1 等元件组成语言信号发射电路。

人的声音通过 MIC1 转变为电信号，再通过电容 C1 耦合到三极管 VT1 的基极。由于基极电压变化（很小）引起集电极电压变化，从而引起三极管的结电容变化，使 L1、C4、C6 和结电容组成的谐振电路谐振频率发生变化。这个变化的频率信号通过电容 C7 发射出去。该发射电路频率决定于 L1、C4、C6，和结电容、电源电压无关。

而 IC1 和 IC2 等元件组成另一路语言信号接收电路。IC1 为调频收音专用集成电路，它接收的是主电路上发送过来信号。为了增大信号，再接 IC2 组成的功率放大器。具体工作过程是：由天线 T2 接收下来的信号通过电容 C15 进入 IC1 内部高放电路、混频和中放电路，再通过内部的检波和音频放大电路，信号由 14 脚输出，再通过电容 C21 加到 IC2 的 6 脚（由于 TDA2822M 是立体声双路放大器，这里只使用一路），功率放大后由 3 脚输出，通过电容 C24 加到耳机 BE1 中发出声音。其中，电阻 R1 为麦克风 MIC1 的偏置电阻，R3 为直流负反馈电阻，电位器 RP 用于调节音量大小。

提示

这里需要注意，发射电路的发射频率和接收电路的接收频率是不一样的。发射频率这里为 86MHz，接收的频率为 84MHz。同时，这两个频率都避开了调频广播的频率。

（2）连接电脑主电路

电路如图 1-12 所示。

耳机 BE2 通过插头接电脑的耳机插孔。电脑传出的信号（音乐和语言）通过 BE2 发出声音，并传到麦克风 MIC2。VT2 组成的发射电路原理与 VT1 组成的发射电路相同，只不过它的发射频率为 84MHz，而 VT1 组成的发射电路频率为 86MHz。

头戴耳机中发出的 86MHz 信号，经过天线 T4，由电容 C39 加到 IC3 的 12 脚，再由 14 脚输出音频信号。这个信号由 C44 和 R11 加到由三极管 VT3 组成的射极输出放大电路中，放大后的信号由耳机 BE3 发出声音，这个声音再传到麦克风 MIC3 上。麦克风 MIC3 得到的电信号再传到电脑麦克风插口中。

其中，电阻 R12 阻值大小的变化可以改变耳机 BE3 的声音大小。S1、S2 为声耦合器，用于将声音转化为电信号。

（3）抗干扰措施

由于调频无线耳机电路一块板上同时含有发射和接收电路，也就是既要信号发射又要接收，故发射、接收天线必须分开，否则会互相干扰，使信号发射和接收失败。另外，由于连接电脑主电路中的 BE3 耳机发出的声音接入电脑麦克风插口，则会使电路不配对。并且，电脑中“强电”会干扰调频无线耳机的“弱电”电路，而使电路无法工作。故这里采用了自制声耦合器 S1、S2 来完成抗干扰的工作。实验证明，这种方法能隔离电信号的干扰。为了进一步减小干扰，使电路工作更加可靠，这里主电路采用了两组独立电源。

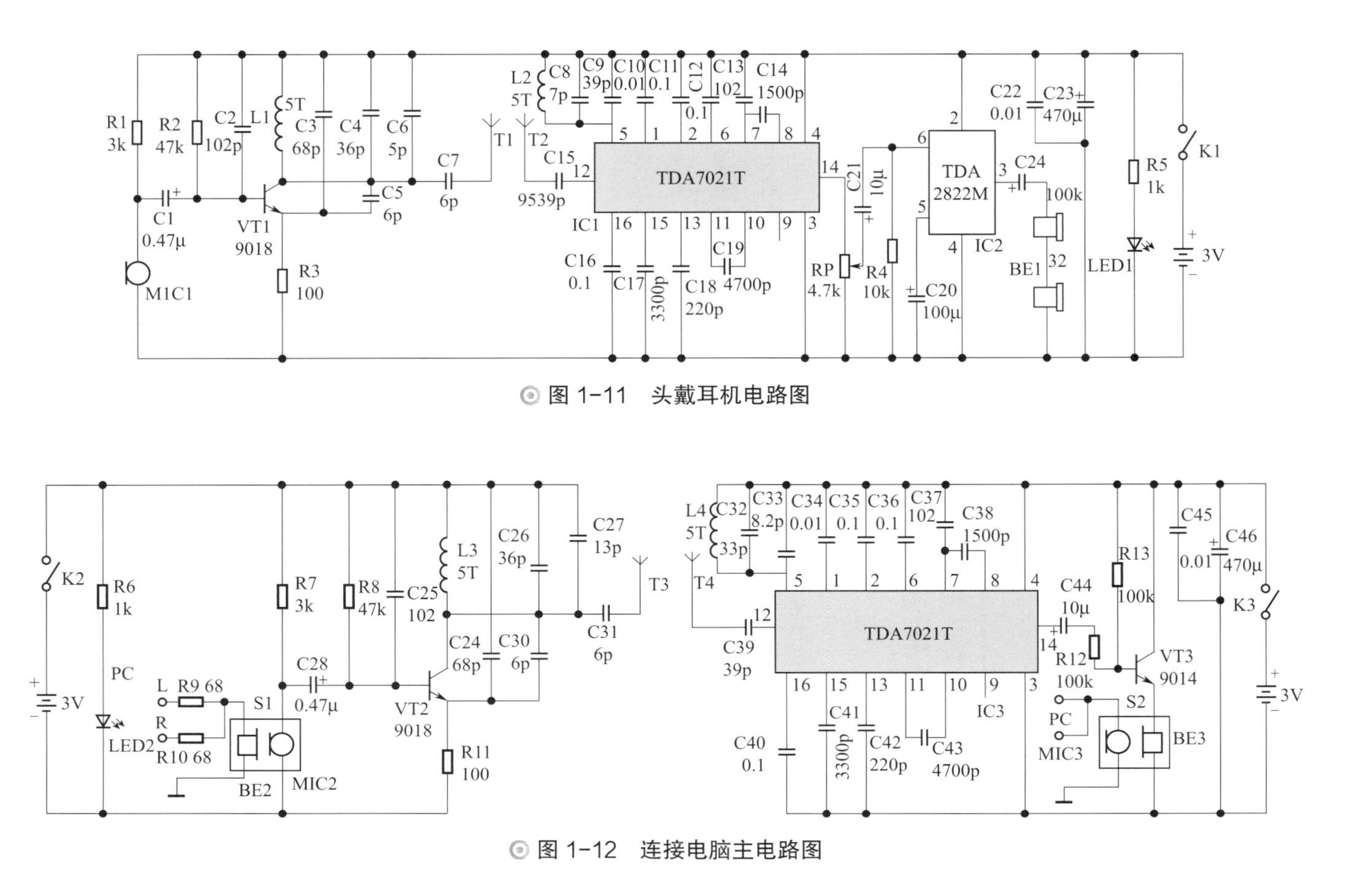

◎ 图 1-11　头戴耳机电路图

◎ 图 1-12　连接电脑主电路图

元件选择

三极管 VT1、VT2 用 9018，β 在 200 ～ 250 之间。VT3 用 9014，β 在 200 ～ 250 之间。麦克风 MIC1 ～ MIC3 用直径 10mm 驻极体麦克风。IC1 和 IC3 用调频收音集成电路 TDA7021T。目前，淘宝网上可购买的 TDA7021T 集成块有两种，一种是飞利浦公司生产的，一种是国内公司生产的。在这里选用国内公司生产的即可。电路中的电容除电解电容外，其他都用瓷片电容。IC2 用立体声功率放大集成电路 TDA2822M，型号中带 M 字母的型号相对较好，因其工作电压较低。电阻除 R9 和 R10 用 1/16W 外（装在立体声插头内），其他都用 1/8W 的。线圈 L1 ～ L4 都用 ϕ0.65mm 的漆包线在 ϕ4mm 的铁钉上绕 5 圈制成。另外，需购买一个头戴调频收音耳机（约 20 元），RP 和 BE1 就用收音耳机中的，不需另外购买。小耳机 BE2、BE3 用旧立体声耳塞中拆下的。开关 K2、K3 用 2×2 的钮子开关。天线中 T1 用收音耳机中已有的拉杆天线，T2 用一定长度的小铁线代替，T3 用 35cm 的拉杆天线，T4 用 0.6m 的软导线代替。电池盒使用 5 号电池盒。

制作与调试

按图 1-12 设计，制作电路板。要求头戴耳机内的发射、接收电路元件要左右两边排列。电路板的大小以能装入头戴耳机内为准，同时还要考虑电位器 RP 的位置。由于 TDA7021T 为贴片元件，只能焊在有印刷电路的一面。而麦克风则需要找一个旧耳机的麦克风架，并把它粘在耳机外侧。安装好的头戴耳机电路板如图 1-13 所示。

图 1-13　安装好的头戴耳机电路板图

连接电脑主电路的电路板由于发射、接收电源各自独立，所以，不但发射接收电路元件应在左右排列，而且各自的印刷电路也要隔开 1cm 的距离。另外，要求元件，特别是瓷片电容的引脚要短一些。天线 T1 为拉杆天线，只要用引线接到原收音耳机天线上即可。天线 T2 用铁丝装在头戴耳机的 U 形耳机架内。天线 T3 是 35cm 的拉杆天线，因此，也是直接用软线连接到天线上即可。而天线 T4 则用 0.6m 的软导线附在屏蔽线绝缘层上。屏蔽线是指声耦合器 S1、S2 的二条连线，它的一端接主电路的发射、接收电路，另一端接 S1 和 S2，长度约 0.8m。然后，再用 2 条 0.3m 的屏蔽线一端接 S1 和 S2，另一端接电脑耳机、麦克风插口（用插头）。注意，麦克风插头必须接两只 1/16W 的电阻，即 R9 和 R10（目的是改善音质）。连接电脑主电路元件排列情况如图 1-14 所示。

图 1-14　连接电脑主电路元件排列图

最后是声耦合器制作方法。它的具体尺寸如图 1-15 所示。

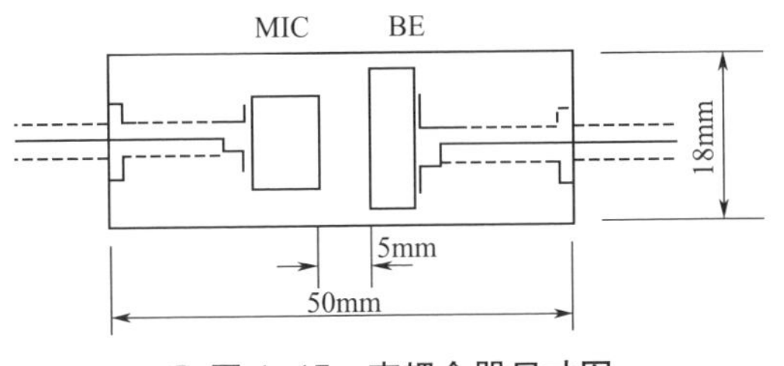

图 1-15　声耦合器尺寸图

麦克风和小耳机相对，并且相距 0.5cm，用 L 形铜片焊好固定在塑料固定片上。引出屏蔽线打结，在两侧各粘上一片塑料挡片，以防止线被拉断。外形如图 1-16 所示。

图 1-16　声耦合器实物图

调试时，如有高频信号发生器，则频率会被调得比较准，但考虑到大部分爱好者没有高频信号发生器，这里只讲用调频收音机帮助调整频率。

先调电脑传出声音的发射、接收电路。将电路中 R、L 端的插头插入电脑的耳机口中，播放音乐。再将收音机调到 88MHz 附近，用竹片调线圈 L3 的松紧，使收音机收到音乐。再稍微调松一些线圈，这时频率就落在 86MHz 附近。然后调耳机中线圈 L2，使之收到音乐，并使音乐声最大。拉大距离再调一次（5m）。

接着再调人说话的声音发射、接收电路。把收音机打开调到 88MHz，调线圈 L1 使收音机收到人对麦克风 MIC1 讲话的声音，再调 L1 使头戴耳机收到声音。然后将线圈 L1 调松一些，则频率落在 84MHz 附近。接着调线圈 L4，使耳机 BE3 收到声音，并使声音最大。拉开距离（5m）再调一次。调整线圈是一项仔细的工作，要反复调整，认真听才能得到好的效果。

以上调试，如感到麻烦，可以用高阻耳机接电容 C21 或 C44 负极与电源负极之间来调试。另外，大家还可以用电脑附件中的录音软件和 QQ 软件中的语音聊天功能来验证调试效果。调出的声音以声音大、清晰为准。最后，为了使频率不发生偏移，需要用高频蜡对线圈进行封固。

由于调频电波有一定的方向性，在 5m×5m 的房间信号接收时，还是有个别地方声音偏小，这还和天线放置的位置有一定的关系。大家可以多实验，就能找到传送电波的最佳区域。

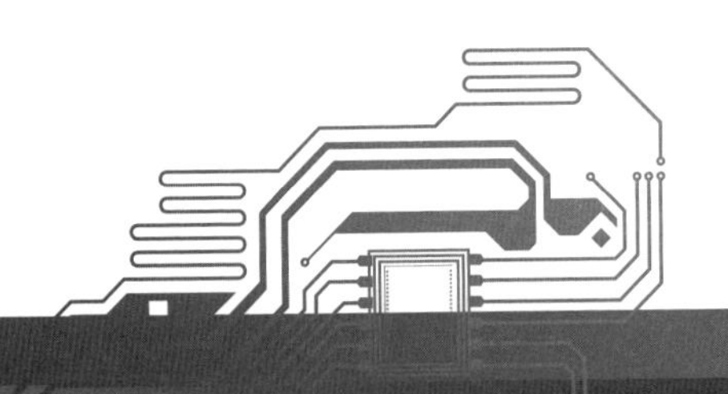

第二章 不一样的照明灯

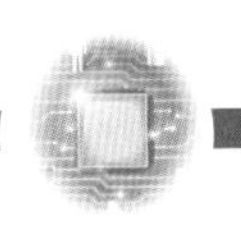

1 3W LED 照明灯

本节介绍一种用 LED 发光管制作的照明灯。它由 30 只 LED 发光管串并联后，接到用电容降压的电源上制成，功率为 3W。具有省电、发光稳定和寿命长的优点。

工作原理

图 2-1 是它的工作原理图。

220V 的电压经电容 C1 的降压后，经过 VD1 ～ VD4 全波整流，再经 C2 滤波和稳压管 VD5 产生 10.5V 的稳定电压作为发光管的电源。

LED1 ～ LED30 是白色发光管，把每 3 只串联成一组，这样 30 只就可以构成 10 组，并把 10 组并联后接到 10.5V 的电源上。由于每只发光管的工作电压为 3.5V，3 只串联为 10.5V，已满足要求。每只发光管的工作电流在 20 ～ 30mA 之间，这样就使得每只发

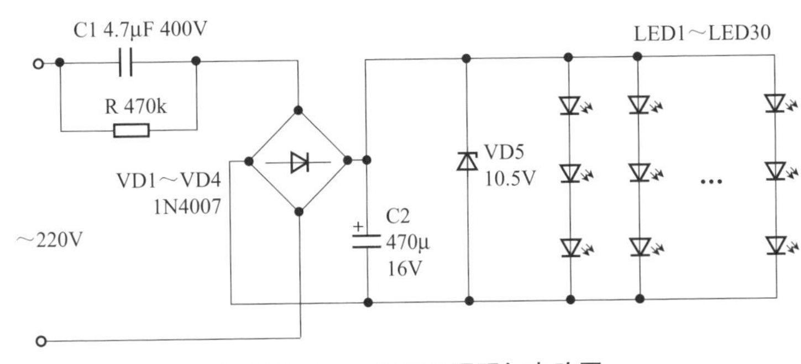

图 2-1　3W LED 照明灯电路图

光管都能正常工作。

元件选择

电容 C1 选用 4.7μF 400V 的涤纶电容。白色发光管 LED1 ～ LED30 用 ϕ5mm 的。稳压管 VD5 选用 1W 9.5V 的，如果找不到 9.5V 的可以用 9V 串联两只整流二极管代替。其他元件无特殊要求。

制作与调试

找一个圆形稍微有一些突出的塑料盖，把发光管均匀地嵌入打孔后的塑料盒上，并按要求焊好。注意：焊接时，正负极不能焊错，发光管引脚不能相碰。然后按图 2-2、图 2-3 做一个电源电路板，元件焊接无误，接好导线即可调试。

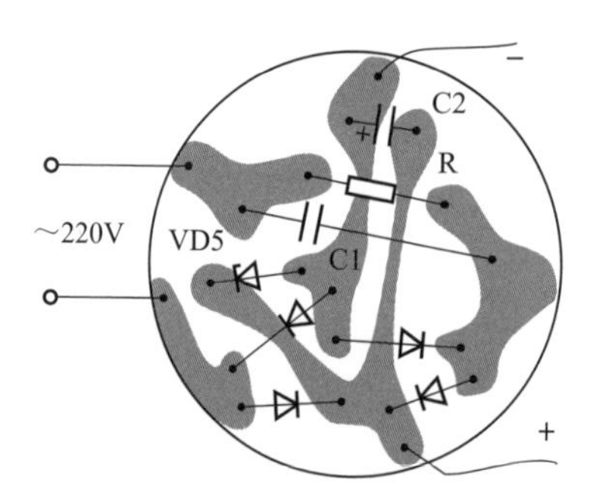

图 2-2　3W LED 照明灯线路板

图 2-3　3W LED 照明灯实物图

通电后，测量每只发光管的电压要在 3.4 ～ 3.6V 之间，如相差太大应进行更换。同时观察每只发光管的发光情况，如发现发光较暗或发光偏黄也要进行更换。

最后在发光管盒上面盖上一块塑料板（开一些小孔）。再找一个节能灯的灯头把电源板装入，用万能胶粘在发光管盒的上方。这样一个 LED 照明灯即制作完成。灯的总装图如图 2-4 所示。

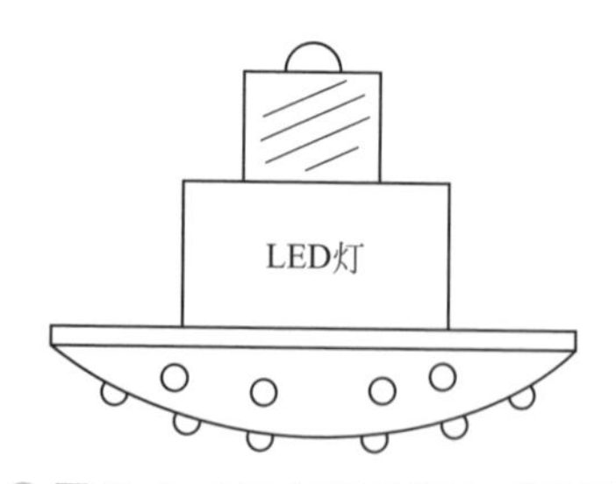

图 2-4　3W LED 照明灯总装图

该灯电路采用电容降压，但电容 C1 不消耗电能。制作好的 LED 照明灯笔者使用至今，未见损坏，十分耐用。

2 自制 24V 节能灯

一般的节能灯只能在 220V 的电压下工作，在车、船上采用蓄电池供电的场合就无法使用了。本节介绍的节能灯可在 24V 的直流低压下正常发光。

工作原理

如图 2-5 所示。接通电源时，电流通过电阻 R1、线圈 n2 到三极管 VT 的基极，使之导通。这时线圈 n1 中有电流通过，使脉冲变压器 T 产生磁通，磁通的变化使线圈 n2 产生感应电动势，此电动势通过 R2 加到三极管 VT 的基极和发射极，产生基极电流而形成自激，使三极管迅速饱和。由于这时三极管的集电极电流继续增大，磁通也不断增大，当磁通饱和后，n2 中的感应电动势下降为零，磁通随之减小，变压器线圈 n1 和 n2 感应出极性相反的电动势使三极管迅速截止。然后，三极管在电源电压的作用下又开始从截止到饱和，如此循环往复产生了振荡。这时在线圈 n3 上就感应出脉冲高压，使灯管发光。

图中 R1 为启动电阻，使开始时电路能正常工作。电阻 R2 为偏流电阻，向三极管 VT 提供一个合适的基极电流。电容 C1 为加速电容，用于改善加在三极管 VT 上的脉冲电压波形。C2 的作用是减小加在三极管集射极上的尖峰电压，防止三极管被击穿。

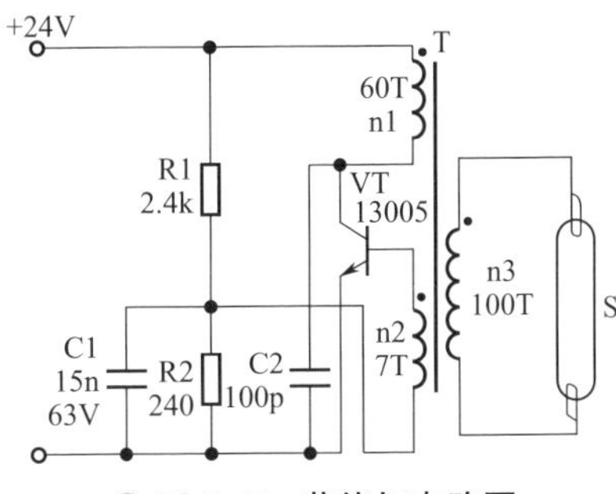

图 2-5　节能灯电路图

元件选择

三极管 VT 用 MJE13005，β 为 15 的塑封管。变压器 T 用 EE25 铁氧体磁芯，线圈 n1、n2 都用 0.35mm 的漆包线绕制，其中 n1 绕 60 圈，n2 绕 7 圈，而 n3 用 0.28mm 的漆包线绕 100 圈。电阻 R1、R2 选用 1/8W 碳膜电阻。C1 用 15nF 耐压 63V 的涤纶电容，C2 用 100pF 耐压为 400V 的瓷片电容。灯管用 9W 节能灯管。

制作与调试

先根据要求绕制变压器 T。在塑料骨架上先绕线圈 n1，再绕线圈 n2，最后绕 n3，并注意各线圈的同名端。绕好后装上磁芯，并用胶纸封紧以防止松动。再在塑料骨架上绕线圈 n1，再绕线圈 n2，最后绕线圈 n3，并注意各线圈的同名端。绕好后装上磁芯，并用胶纸封紧以防止松动。再根据图 2-6 制成线路板。

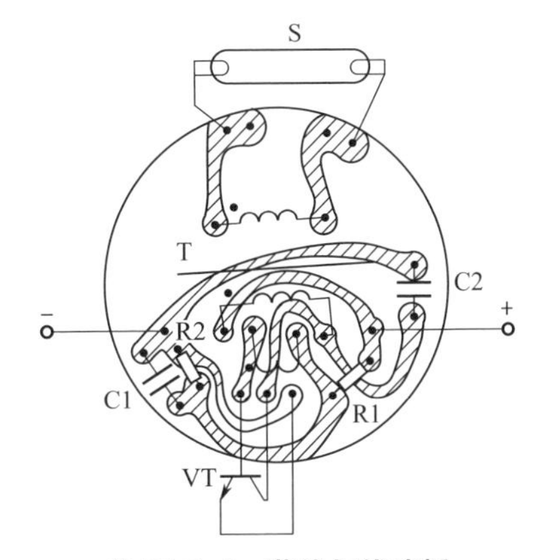

图 2-6　节能灯线路板

先装上变压器焊好，三极管装上18mm×25mm的U字形散热片后焊到线路板上，然后再焊其他元件。找一只9W 220V的节能灯，将原线路板除去，装上制作好的24V线路板并固定好。为了使节能灯中的三极管工作时热量能散发出去，需要在外壳上戳一些小孔。制作好的节能灯可在20～26V的电压下工作，工作电流约300mA，但要注意电源的极性不能接反。

24V的节能灯内部结构图如图2-7所示。

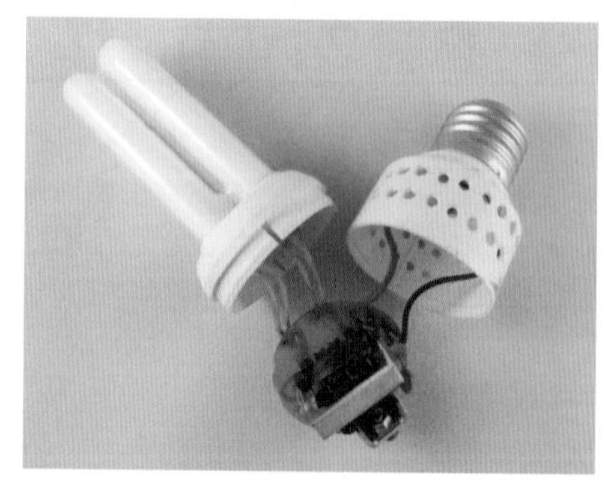

◎ 图2-7 节能灯内部结构图

3 6V户外活动灯

本节介绍的户外活动灯，采用6V蓄电池电源，点亮20只LED发光管，功率只有2W。制作较简单、省电，可以用于户外维修和户外活动时夜间照明。

工作原理

如图2-8所示。

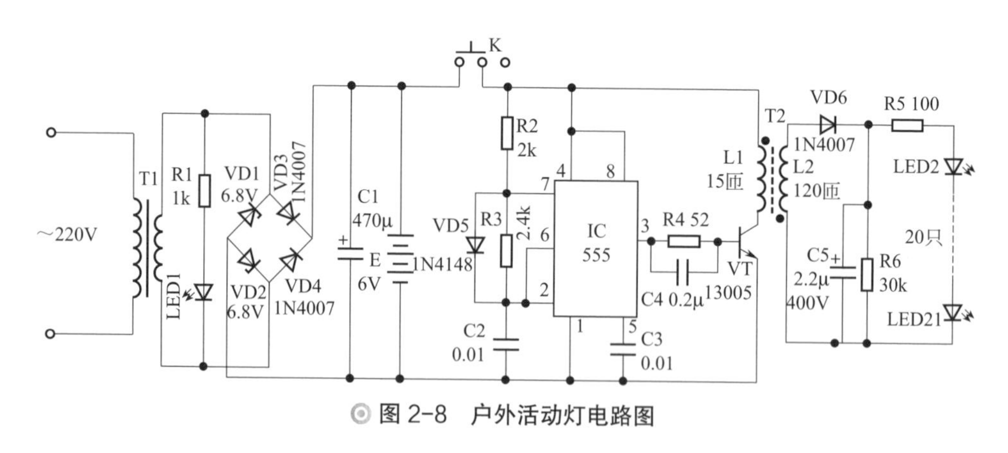

◎ 图2-8 户外活动灯电路图

220V市电经变压器T1降压后，次级输出6V交流电。经过VD1和VD2以及整流二极管VD3和VD4的整流，向蓄电池E充电，充电电流约50mA。随着充电的进行，蓄电池的电压不断上升，充电电流随之减少。由于VD1和VD2的稳压值为6.8V，当蓄电池的电压上升到约6.8V时，电源停止为蓄电池充电，这样就保证了蓄电池不被过充电。当打开开关 K 时，蓄电池的电压加到集成电路 IC 等元件上，IC 是时基电路，它和外围元件构成矩形波振荡电路，产生约 25kHz 的矩形波信号，由 IC 的 3 脚输出，经电阻 R4 限流后加到三极管 VT 的基极上，使三极管交替导通和截止。这样，通过升压变压器 T2 的线圈 L1 中的电流时通时断，并在线圈 L2 上感应出较高电压并经过二极管 VD6 整流和电容 C5 滤波去点亮 LED2 ～ LED21 这 20 只 LED 发光管。电容 C4 用于改善加到三极管 VT 上的电压波形，防止三极管过热。

元件选择

变压器 B1 用 3W 双 6V 的小型变压器（只使用其中一个 6V 绕组）。集成电路 IC 用 NE555。三极管 VT 用 MJE1005，β=30。升压变压器 T2 用 EE25 铁氧体磁芯，初级用 0.54mm 漆包线在骨架上绕 15 匝，次级用 0.21mm 漆包线绕约 120 匝制成。LED2 ～ LED21 用 ϕ5mm 白色 LED 草帽管。开关 K 用 2×2 小型拨动开关。蓄电池 E 用 6V 4Ah 的铅酸蓄电池。LED1 用 ϕ3mm 红色发光管。VD1 和 VD2 用 1W 6.8V 稳压管。电阻 R3 用阻值 2.4k。

制作与调试

按图 2-9 制作线路板（注：书中出现的此类线路板图为印刷电路轮廓图，故未铺阴影色，下同）。

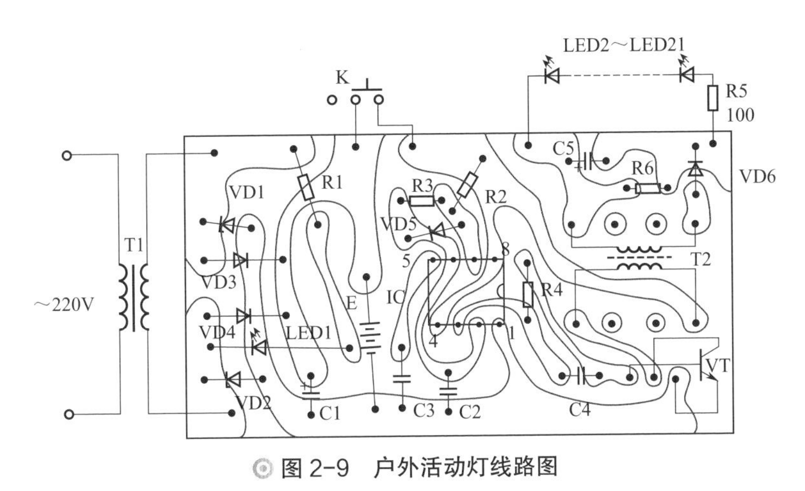

图 2-9 户外活动灯线路图

检查元件焊接无误后，将变压器 T1、线路板、蓄电池和白色 LED 管连接起来。先关闭开关K，接上220V 电源，用万用表测充电电流应在 50 ～ 100mA 左右。打开开关K，LED 白色发光管应能正常发光，测白色 LED 发光管上的电流应在 15 ～ 20mA。如不发光，应检查振荡电路工作是否正常，变压器 T2 上的线圈接头是否焊接良好。如能发光，但光线暗，可以调电阻 R3，让白色LED 管上的电流在 15 ～ 20mA 以内，使之正常发光。并注意三极管发热情况，一般不烫手即可，否则应调整 C4 的值。

最后，将变压器、线路板等装入塑料外壳内，白色 LED 管装在外壳的前面，开关和红色 LED 管装在外壳的侧面。用日用品塑料外壳做的户外活动灯如图 2-10 所示，该户外活动灯能在蓄电池提供的 5.2 ～ 6.8V 电压下工作。

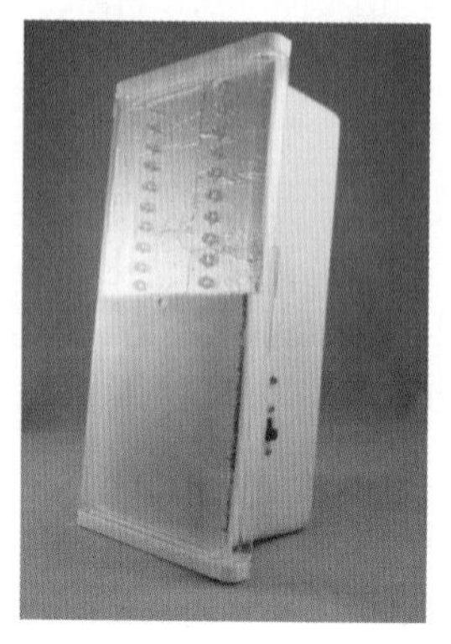

图 2-10　户外活动灯实物图

4　1W 发光管台灯

白色发光二极管由于发光效率高，已被广泛用来制作手电筒，现在白色发光管价格已经很低，用来制作各种灯具的前景十分广阔。笔者用 15 只白色发光管，制作了一盏小台灯，晚上用来照明感到明亮舒适，现介绍给大家。

工作原理

台灯电路图如图 2-11 所示。

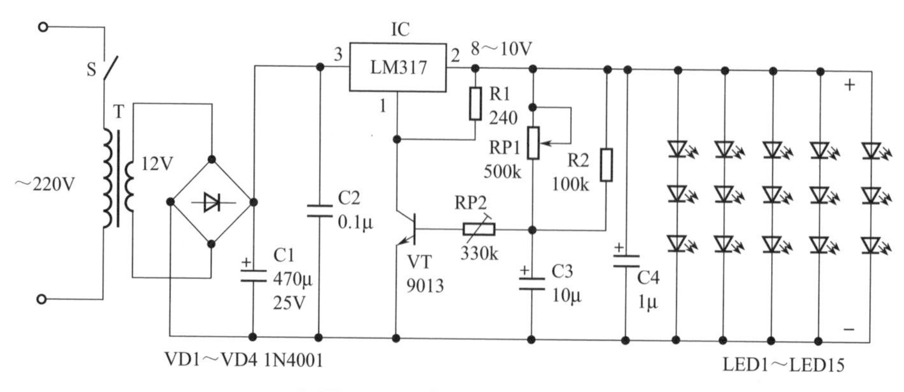

图 2-11　发光管台灯电路图

220V电源电压经变压器T降压后输出12V的交流电压，经二极管VD1～VD4整流、电容C1滤波后，由可调稳压集成块LM317稳压，输出稳定的可调电压供白色发光管LED1～LED15使用。为了能使灯光可调，这里由三极管VT和电位器RP1等元件组成输出电压调节电路。用三极管作调节元件是由于带开关、绝缘性能好、阻值又低的电位器难以找到，只能使用一般调光台灯的电位器，阻抗在500kΩ左右。所以无法对电压直接进行调节，故使用了三极管。调节电压方法是：由于通过电阻R1和三极管集电极的电流为5mA恒定不变，这样三极管VT的集射极电压便可通过调节偏流电阻来改变。当电位器RP1的阻值调小时，偏流变大，集射极电压变小，输出电压也变小；反之，集射极电压变大，输出电压也变大。这样调节可以使输出电压在8～10V之间变化，实现对发光管的亮度调节。发光管由三只串联为一组，五组并联制成。由于白色发光管最大工作电压为3.5V，三只发光管串联为10.5V，考虑到每只发光管工作电压略有不同，故稳压电源输出电压取10V。

微调电阻RP2和电阻R2是用来设定电压的。为了使发光管的亮度均匀，把发光管装在了球面上，如图2-12（a）所示。并且每只发光管的距离尽可能相同。

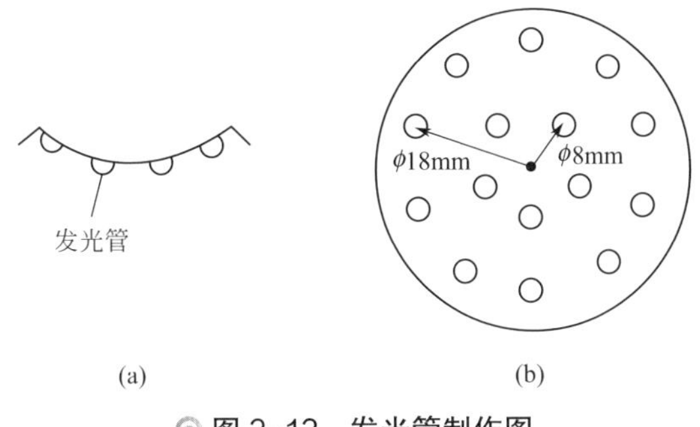

图2-12 发光管制作图

元件选择

变压器T选用3W双6V的型号。稳压集成电路IC用塑封LM317。三极管VT用9013，β在150～200之间。电位器用500kΩ带开关的，也可以用调光台灯中的电位器代替。微调电阻RP2用330kΩ立式的。白色发光管用ϕ5mm高亮度的，要求尽量采用同一厂家的产品。

制作与调试

先制作发光管灯头。找一个铝制可乐罐，用剪刀剪下罐的凹面底部，按图2-12（b）给出的尺寸钻出ϕ5的小孔，再将发光管插上，剪短引脚，三只一组用导线焊接，最后并联引出两条导线。制作好的发光管灯头如图2-13所示。

按图2-14制作一块小电路板。为了安全起见，要求电位器引脚和电路板焊在一起，而开关引脚单独用导线引出。

◎ 图 2-13　发光管灯头

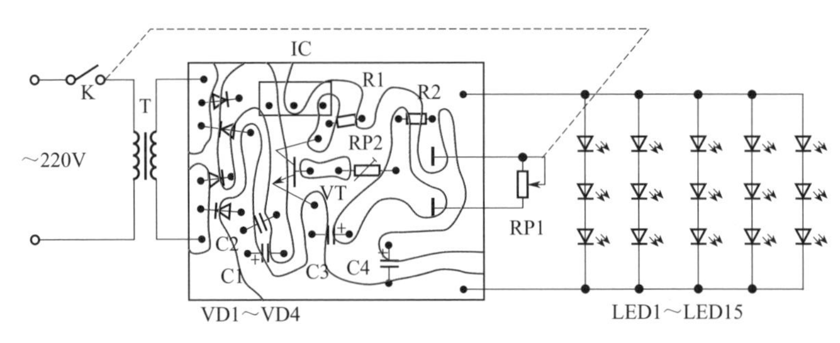

◎ 图 2-14　发光管台灯电路板

调试时先不接发光管灯。电路板通电后用万用表电压挡接电路输出端，将电位器RP1阻值调到最小，再微调电阻RP2使输出电压为8V。然后，将电位器阻值调到最大，这时输出电压应为10V，如有出入再调节微调电阻RP2即可。最后，找一个调光台灯，将变压器、电路板等装入台灯底座内。将发光管灯用胶水固定在台灯灯罩内接好引线并绝缘。这样，发光管台灯即制作完成。

5 家用太阳能应急灯

一般太阳能应急灯是在野外使用的，不太适合于家中使用。因为大部分家庭每天太阳照射时间有限，而太阳能充电又需较长的时间。根据这种情况，笔者设计了一种家用太阳能应急灯，它使用太阳能电池板的主要目的不是充电，而是补充电。大家知道，长期不使用应急灯会使电池的容量自动减少。这样，停电要用时，电量已降至较低，不易达到足够的照明时间。并且，长时间不使用，会造成蓄电池永久性损坏。因此，通过补充电，也就是使用太阳能电池对蓄电池经常充电，可以使应急灯始终处于较满的电量工作，并能保护电池不受损坏。理论上使用这种方式充电，蓄电池寿命可达 10 年以上。

工作原理

如图 2-15 所示。下面以四个部分说明家用太阳能应急灯的工作原理。

(1)蓄电池充电电路

蓄电池充电时，电路分两部分。市电充电，220V 的电压通过变压器 T1 将 220V 电压变为 12V，经二极管 VD1 ～ VD4 整流，电容 C1 滤波后，经 IC1 可调稳压块将电压降到 7.1V，7.1V 的电压再经过二极管 VD5 和电阻 R3 变为 6.8V 电压对蓄电池浮充电。因此，这种充电方式基本上是恒压的，并且电流由大到小变化。而平时用太阳能电池对蓄电池补充电时，9V 的太阳能电池电压通过精密稳压块 IC2 组成的稳压电路稳压，将电压稳定在 7.4V，经二极管 VD5、VD6 后，电压变为 6.8V，再经过电阻 R3 为蓄电池浮充电。其中，VD5、VD6 的作用是隔离前后电路，以免太阳能电池被充电。而电阻 R3 是用来限流的，以防止开始时市电充电电流过大。

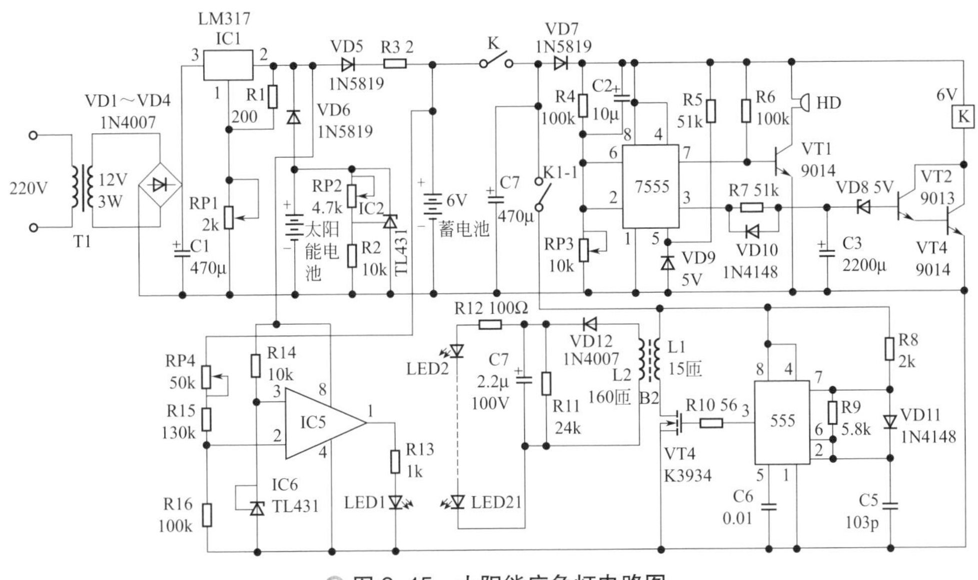

图 2-15 太阳能应急灯电路图

(2)充电指示电路

由 IC5 等元件组成充电指示电路。IC5 是 CMOS 运算放大器，它的电源正极接在 IC1 的输出端，它的 3 脚接精密稳压块 IC6 的阴极，这样就使得 3 脚电压为 2.5V。RP4 的一端接蓄电池的正极，目的是检测蓄电池电压。当蓄电池电压为 6.8V 时，2 脚电压上升至 2.5V 以上，1 脚输出低电平，LED 熄灭，说明蓄电池已充满。当蓄电池电压低于 6.8V 时，2 脚电压比 3 脚低，1 脚为高电平，LED 亮，说明正在充电。RP4 用来调节蓄电池电压，使电压达到 6.8V，从而令 LED 熄灭。

(3)蓄电池保护电路

应急灯使用时，将开关K合上，蓄电池电压通过VD7加到由IC3组成的保护电路上。开始时，由于IC3的6、2脚电压较高，3脚输出低电平，复合管VT2、VT3截止，继电器K不吸合，K1 1接通，应急灯点亮。同时，7脚为低电平，三极管VT截止，蜂鸣器HD不响。然后，蓄电池电压随着应急灯点亮后不断下降，当电压降到5.4V（1.8V×3）时，6、2脚电压小于5脚电压的1/2，3脚输出高电平。此时，3脚电压通过电阻R7加到电容C3上充电，当C3上的电压达到一定值时，三极管VT2、VT3导通，继电器K吸合。从3脚输出高电平到继电器吸合，该过程约1min。然后，触点K断开，应急灯熄灭。在3脚为高电平的同时，7脚悬空，三极管VT1导通，蜂鸣器报警，提示电池电量不足，直到开关K断开。其中，二极管VD10用于电容C3的快速放电。为了令较小基极电流能控制继电器K，这里使用了复合管VT2和VT3。VD7用于隔离前后电路。C4、C7用于稳定保护电路的电压，使保护电路能可靠工作。

(4)灯管点亮电路

当K1 1接通时，蓄电池电压加到由IC4等元件组成的振荡电路上，在IC4的3脚输出约25kHz的矩形波信号，经电阻R10加到场效应管VT4的栅极上，使场效应管不断地导通和截止，在升压变压器B2上产生高压脉冲，经二极管VD12整流、C7滤波和R11限压，产生约60V的电压加到白色发光管LED2～LED21上，使发光管发光。其中，R8为电容C5的充电电阻，R9是C5的放电电阻。VD11用于隔离充放电电流。

元件选择

变压器T1用3W 12V型。IC1用LM317可调稳压块。VD5、VD6和VD7都使用IN5819，管压降为0.3V。电阻R3用1/2W 2Ω的，如没有也可以用两只1Ω电阻串联代替。IC3用CMOS型时基电路，型号为7555。IC4用NE555，不可用7555，否则输出电流太小。IC5用TLC27L2CP的1/2。IC2、IC6用精密稳压块TL431。变压器B2要自制。铁芯用EI25铁氧体磁芯，初级用ϕ0.64mm绕15匝，次级用ϕ0.21mm绕160匝。继电器K用6V小型继电器。电容除C1用耐压16V的，其他都用耐压10V的。三极管VT1、VT3用9014，β在200～250之间。V2用9013，β在150～200之间。白色发光管LED2～LED21用ϕ5草帽管。场效应管VT4需耐压较高，型号为2SK3934，可以不加散热片。太阳能电池板用9V 140mA的型号。蓄电池用6V 4Ah，要使用正品。开关K用2×2的拨动开关，两脚并排焊在一起作一个脚。稳压管VD8、VD9选用0.5W 5V的。发光管LED用红色ϕ3的。HD用6V有源讯响器。另外，太阳能电池板引线和电路板的连接用USB插头与插口连接。

制作与调试

(1)太阳能电池板制作和安装

9V 140mA的太阳能电池板尺寸一般为11cm×14cm。为了使电池板能固定住，需要加边框。如图2-16（a）所示找铝合金窗的U型槽边框，用钢锯把它从底部的

1/3 处锯开，按电池板长宽尺寸折成框架，用直径 1mm 的漆包线制作 2 只 5mm 长的铜钉（一头用小锤子敲成钉帽），在框架的连接处用小电钻钻 2 个 1mm 的小孔，装上铜钉，用锤子敲打令铜钉的 2 个端头将铝框固定住，这样框架即制作完成，如图 2-16（b）所示。将太阳能电池板装入框中，框两边内侧用小木块或铝片粘上（用百得胶），将电池板固定在框内，如图 2-16（c）所示。将太阳能电池板固定在阳台阳光能照射到的位置（一般阳光一天能照射 2～3h 即可）。固定时，电池板和水平面要有一个角度，大约 20°～30°，并且太阳能电池板的面须朝南，这样东和西方向的阳光都能照射得到。

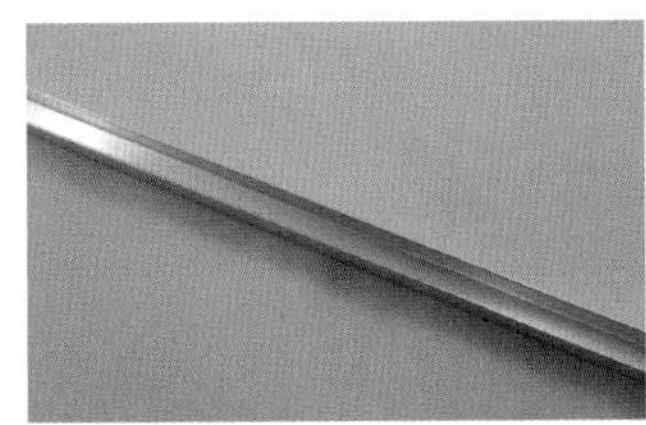

(a) 铝合金窗U形槽边框

(b) 铝框架

(c) 电池板的固定

图 2-16　太阳能电池板制作和安装

（2）控制电路板制作

可以根据外壳的大小设计控制电路板。这里使用 6cm×7cm×15cm 的外壳讲述制作方法，供大家参考。控制电路板装在外壳内靠蓄电池的一侧，而升压板和变压器则装在蓄电池的顶部，和控制板分开。

控制电路板各部分安排如图 2-17（a）所示。由于蓄电池充电电路中稳压集成块 IC1 充电电流较小，为了能装入外壳可以把上半部分锯掉或者卧式安装。R3 的 2Ω 电阻由于需要 0.5W 功率，较难寻找，可用两只 1Ω 的彩电保险电阻串联后代替，如图 2-17（b）所示。而 VD5、VD6 则可使用目前较流行的肖特基低压二极管，目的是减小电压消耗，使电路工作更可靠，不可用 1N4007 代替。电容 C1、C7 容量较大，可以考虑卧式安装，电路板设计时，需留出位置。指示电路中，IC1 由于内部为 CMOS 电路，输出电流较小。如工作时发现 LED 管不够亮，可以考虑减小 R1 的阻值。注意在充电指示电路的左侧留出 USB 插口的位置。在电路板蓄电池保护电路中，由于白色 LED 管点亮后，保护电路工作的电源电压波动比较大，稳定这部分的电压很关键，因此这里装有 C4 和 C7 这样用于稳定电压的电容。另外，电容 C3 容量较大，也要卧式安排，并且选用正品。蜂鸣器 HD 可以安装在电路板的一角。使用时，须撕开蜂鸣器上的商标，否则不会发声。并且注意正负极，一般长脚为正极，也可以从蜂鸣器上方看到有“+”的标记为正极。继电器 K 由于空间的限制，可以使用小型 6V 的继电器，如图 2-17（c）所示。VD8 和 VD9 稳压管工作时电流较小，可以用功率较小的型号（0.5W）。但稳压电压无法达到 5V，这是正常的。安装好的控制电路板如图 2-17（d）所示。

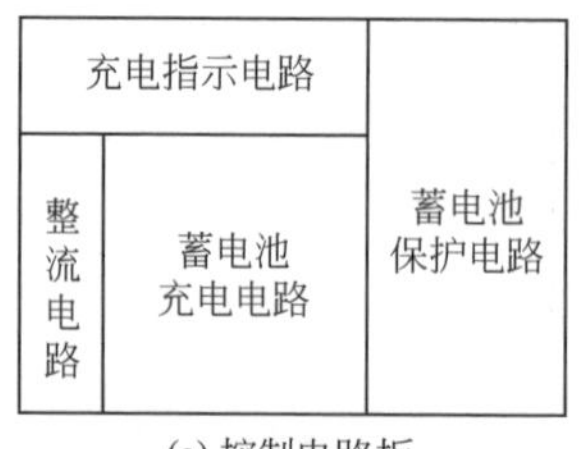

(a) 控制电路板

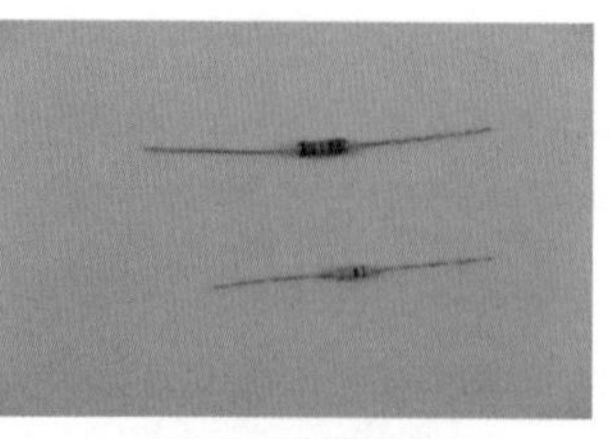

(b) 彩电保险电阻

(c) 小型继电器

(d) 安装好的控制电路板

◎ 图 2-17 控制电路板制作

(3)升压电路板制作

由于这部分电路对 IC4 输出的电压要求不高，故选用 TTL 型时基电路 NE555。升压电路制作关键是升压变压器 B2，铁芯的外形和制作好的变压器如图 2-18（a）所示。铁芯购买时需配骨架，并且骨架最好为电木材料。如用塑料的骨架，焊接时会使引脚移位。绕漆包线时，先绕初级再绕次级。初次级之间用胶纸隔开，绕完再用胶纸包一层，再将 EI 型铁芯装上。注意：EI 铁芯叠合处需加一片薄纸片，目的是避免磁芯磁饱和，防止场效应管过热。最后，铁芯外面用细胶纸粘一圈固定住。如铁芯结合处会移动，可用 502 胶水固定。绕制变压器过程如图 2-18（b）～图 2-18（e）所示。总之，要求制作的变压器绝缘良好，线圈紧凑不松动。固定铁芯时，保证其牢固耐用，电路工作磁芯不饱和即可。安装在电路板的场效应管 VT4 虽然可以不加散热片，但还是需在靠近升压板的外壳上开一些长方形散热口。制作好的升压板如图 2-18（f）所示。

另外，外壳上安装有白色 LED 管、开关和红色 LED 管。20 只白色 LED 管可以装在乳白色半圆壳子上，再用百得胶将壳子固定在外壳上方。在外壳的上方两侧固定开关 K 和红色 LED 管。

(a) 铁芯与变压器

(b) 绕制变压器步骤一

(c) 绕制变压器步骤二

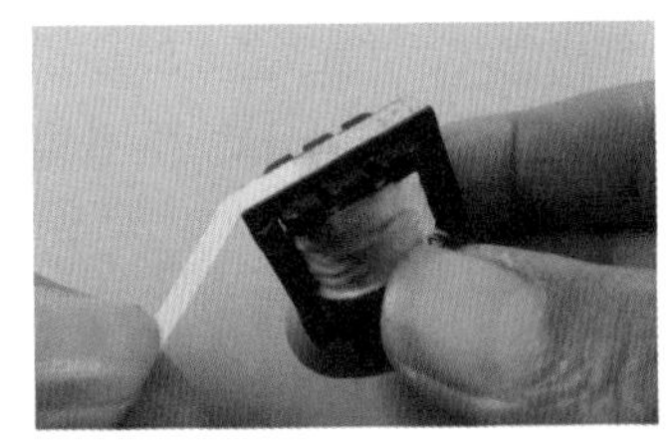

(d) 绕制变压器步骤三

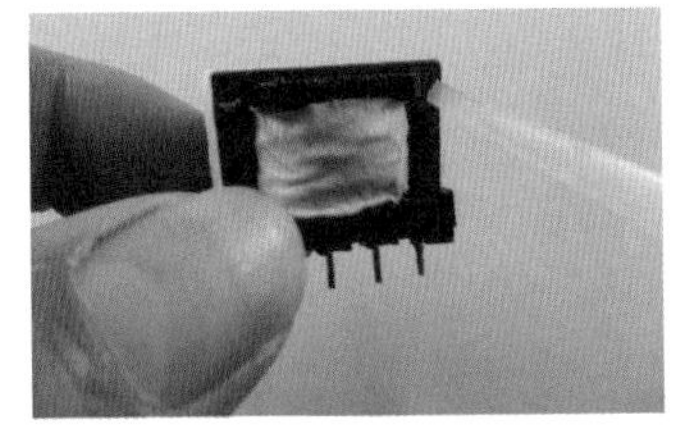

(e) 绕制变压器步骤四

(f) 制作好的升压板

◎ 图 2-18　升压电路板制作

(4) 电路板调试

控制电路板和升压电路板制作完成后，连接变压器 B1、白色 LED 管以及其他导线，并检查连线是否有误。确定无误后，先断开开关 K，把蓄电池 6V 电源直接接到升压电路上。用示波器测 IC4 的 3 脚应有方波电压输出，如图 2-19（a）所示。如没有示波器也可以用万用表测输出电压应为 2.5V 左右。同时，白色 LED 管点亮，如发光较弱，有可能输出电压太低，应调电阻 R9，正常工作的白色 LED 管电流在 15 ～ 20mA。变压器 B2 工作时有轻微的吱吱声是正常的，如声音太大说明铁芯固定不牢或工作频率太低。待白色 LED 管正常点亮后 10 多分钟，用手触摸场效应管表面如不烫手，则电路工作正常。然后接上市电，调微调电阻 RP1 使 IC1 的 2 脚为 7.1V，如图 2-19（b）所示。接着断开市电，在阳光能照射到电池板的情况下，将电路板和太阳能电池板连接，调微调电阻 RP2 使电池板的电压降到 7.4V。完成后，合上开关 K 调微调电阻 RP3。先用万用表测 IC3 的 3 脚应为低电平（0V）。然后让充满电的蓄电池点亮 5～6h，当电池的电压降到 5.4V 时，调 RP3 使 IC3 的 3 脚为高电平，蜂鸣器鸣叫（如多次调试不能达到要求，可以考虑将 RP3 改用 36kΩ 的固定电阻和 10kΩ 微调电阻串联代替 100kΩ 电阻调试），约 1min 后灯灭即可。如时间有出入，可以改变 R7 的大小。最后调指示电路。市电充电时，调微调电阻 RP4 使蓄电池电压达到 6.8V 时 LED 管熄灭。一般 6.8V 电压较难调准，可以调至 6.6 ～ 6.8V 范围内，如图 2-19（c）所示。这时说明蓄电池进入浮充电。

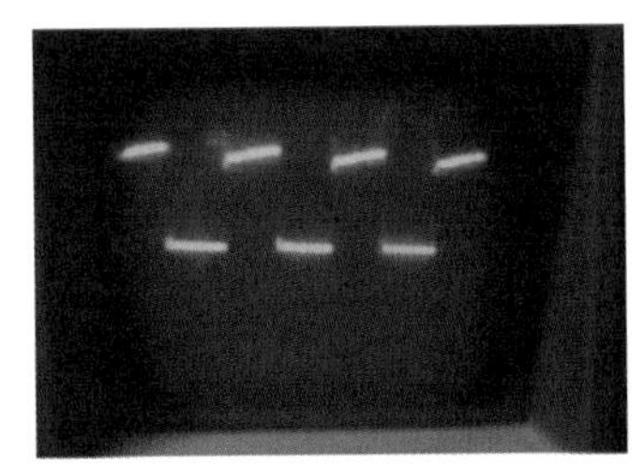

(a) 方波电压

(b) 调IC1的2脚至7.1V

(c) 调蓄电池电压至6.8V

◎ 图 2-19　电路板调试

需要说明的是：当太阳能电池板对应急灯充电时，充电电流较小，最大为 80mA 左右。并且这时红色 LED 管亮只表示太阳能电池线路和充电电路工作正常，并不一定是在充电，这要视太阳能电池板输出电流大小而定。另外，当蓄电池电压被充到6.8V时，流过R3的电流在20～30mA范围，这时蓄电池电压不再上升。一般这种应急灯市电充电要12h（充电电流300mA），要充到6.8V需约28h。因此，再充电最好用市电。平时补充电用太阳能电池充电。应急灯使用后需要注意的是，保证太阳能电池板和应急灯的长连线不出问题以及电池板上无太大的灰尘。制作好的家用太阳能应急灯如图2-20所示。

◎ 图2-20　家用太阳能应急灯实物图

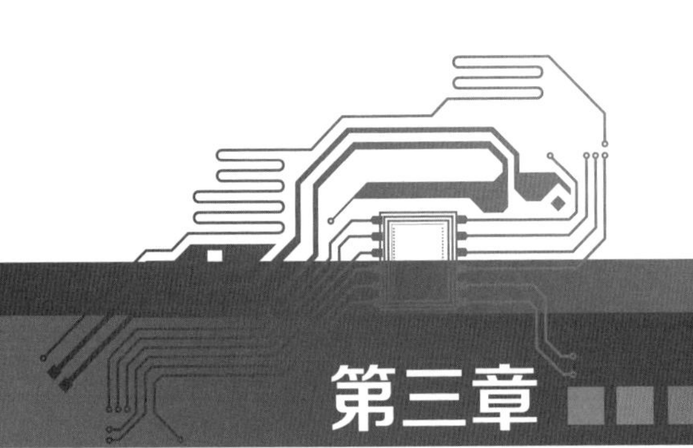

第三章

自动充电器

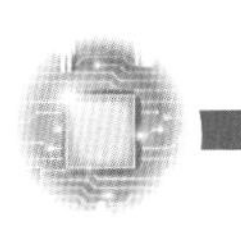

1 两节镍镉电池自动充电器

现在的充电电池种类越来越多，但镍镉电池由于价格比较低，仍占有一定的市场。这里介绍一种镍镉电池充电器。它对两节5号镍镉电池充电，充满后会自动断开。电路采用NE555作为自动控制元件，线路简单，精度高。

工作原理

如图3-1所示。

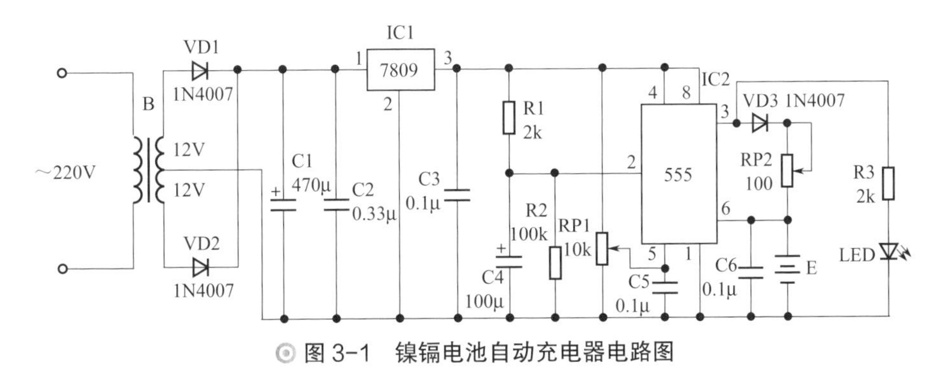

图3-1　镍镉电池自动充电器电路图

用NE555时基电路IC1接成特殊R-S触发器，5脚接2.9V的基准电压。当电源接通时，稳压后的电源通过R1对C4充电，且开始时C4两端电压不能突变，输入端呈R=0，S=0的状态，3脚输出高电平。电流经VD3、RP2对电池E充电。之后随着电容C4的不断充电，S端很快变为高电平，这时输入端呈R=0，S=1的状态，输出端保持高电平不变。随着充电的进行，电池电压不断上升，当达到2.9V时，电池充足，同时R端变为高电平。这时，输入端变为R=1，S=1的状态，3脚输出低电平，充电停止，发光二极管LED熄灭。其中，电容C5和C6用于稳定相关引脚的电压，减小干扰电压对电路的影响。

元件选择

变压器B用3W双12V的型号。稳压块IC1用LM7809或L7809。集成电路IC2用时基电路NE555或LM555。LED用ϕ3的红色发光管。RP1和RP2用碳膜微调电阻。充电电池用两节700mAh的5号镍镉电池。电池盒选用质量好、可以装两节5号电池的。其他元件无特殊要求。

制作与调试

制作时，先按图3-2制作一块电路板。元件焊接无误后，先仔细调RP1，用较精确的万用表测试，使IC2的5脚的电压为2.9V。然后断开VD3和RP2的连接，接入万用表再调整RP2，使充电电流为70mA即可。

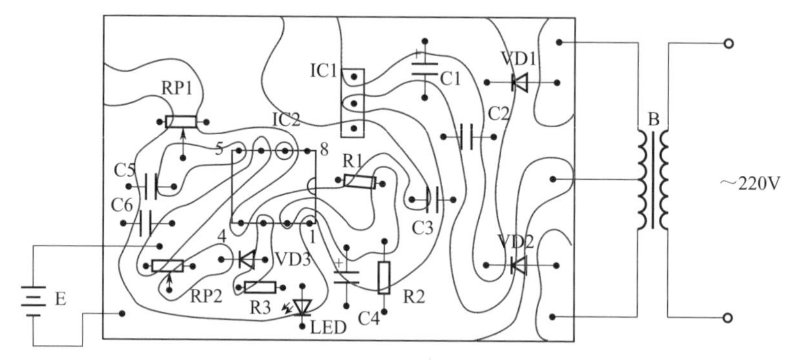

图3-2　镍镉电池自动充电器电路板

在使用该充电器时，由于电容的充放电，每次接上电源和上一次要有几秒的间隔。另外，一定要保证两节镍镉电池的电压一致，否则不能正常充电。图3-3是安装好的电路，供制作时参考。

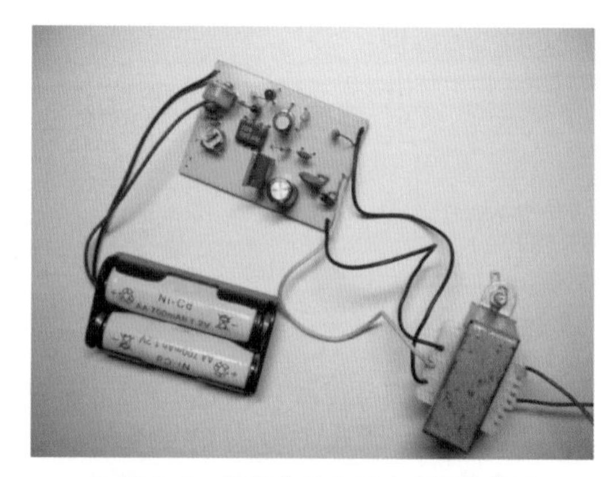

图3-3　镍镉电池自动充电器实物图

2 镍氢电池恒流自动充电器

镍氢电池作为一种使用比较多的电池，它的充电问题一直是大家比较关心的。为此笔者设计了这种充电器，它可以用恒流方式对两节电池单独充电，充电完成后自动断电。另外，还有 7 号和 5 号电池充电选择功能。

工作原理

如图 3-4 所示。

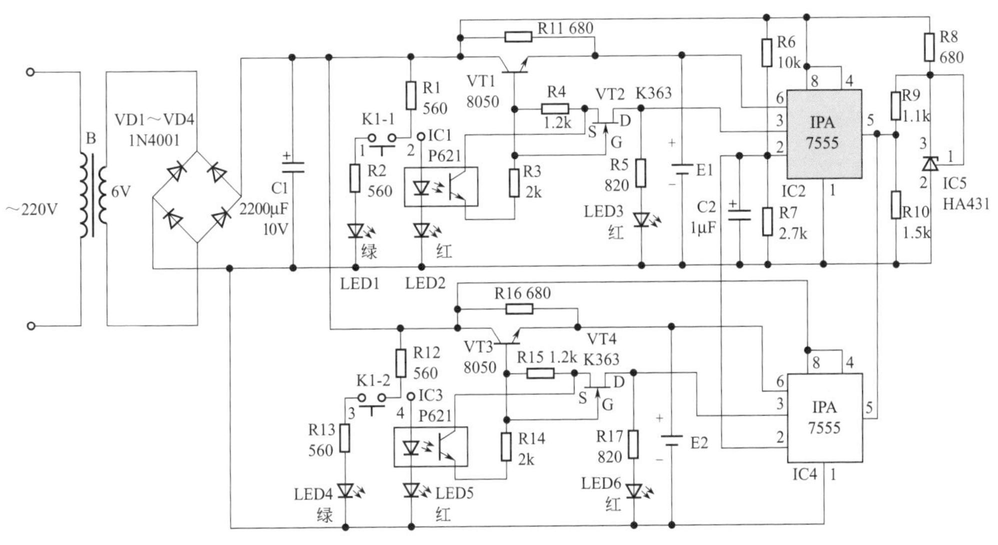

图 3-4 镍氢电池恒流自动充电器电路图

220V 的电压经过变压器 B 的降压后变为 6V 的交流电，经二极管整流及 C1 滤波后为后级电路提供 4 ～ 6V 的工作电压。三极管 VT1、场效应管 VT2 等元件组成一个恒流充电电路，而 VT3、VT4 组成另一路恒流充电电路。如果外部电压或电池电压发生变化，那么加到场效应管 VT2 和电阻 R4 上的电压也会发生变化，但通过 VT2 的电流不变。这个恒定的电流会流入三极管 VT1 的基极，由于基极电流不变，则三极管 VT1 的集电极电流也不变，恒定电流为 $I_c=\beta I_b$，这就是充电过程能保持恒流的原因。

为了能做到对不同容量的电池进行充电，这里由光电耦合器 IC1 和拨动开关 K1-1 组成充电电流大小选择电路。当开关K1-1 拨到1时，充电电流比较小；当开关拨到2时，充电电流比较大。这是由于开关拨到 2 时，光电耦合器内的三极管集射极导通，相当于 R4 与 R3 并联，自然恒流充电电路中的电流变大。电流大时，适合 5 号电池充电，而电流小时，适合 7 号电池充电。具体多大由电池的容量决定，一般以 0.1C 充电率的电流进行充电（C 是电池容量）。比如 850mAh 的 7 号电池，应该使充电电流为 85mA，而 5 号的 1500mAh 电池，充电电流为 150mA。

时基电路 IC2 和精密稳压集成电路 IC5 组成充电自动断电电路。开始接通电源时，由于电容 C2 的充电，会使 IC2 的 2 脚电压很低，这就使得 3 脚为高电平。3 脚的电压加到恒流充电电路中开始恒流充电，随着充电的进行，电池电压不断上升，当达到 1.44V 时（按正常情况为 1.45V，但由于电阻定值的原因，这里只设计在 1.44V），6 脚的电压也达到 1.44V，即达到 5 脚的设定电压，3 脚变为低电平。由于三极管的基极电流被切断，充电电流为 0。这时，充电电流转为经过电阻 R11 限制后的 5 ～ 10mA 大小的补充电电流，使电池充足。而另一路的自动断电电路由 IC4 组成，它的外部元件和 IC2 共用。1.44V 的精密电压由精密稳压集成电路 IC5 获得。电路中 IC5 阴阳极电压为 2.5V，经过电阻 R9 和 R10 分压后就使得 5 脚电压为 1.44V。为了使 IC2 和 IC4 的 5 脚并接后，不影响 5 脚 1.44V 的电压值，这里使用内部分压电阻很大（100kΩ）的时基电路 7555，而不使用内部电阻为 5kΩ 的时基电路 555。发光二极管 LED3 和 LED6 为充电指示灯，3 脚电压为 0 时，充电结束，指示灯熄灭。

元件选择

变压器 B 用 3W 单 6V 的型号。三极管 VT1 和 VT3 用 8050，β 在 200 ～ 250 之间。光电耦合器 IC1 和 IC3 用 P621 或 P521。时基电路 IC2 和 IC4 用 IPA7555，不能用 NE555 代替。精密稳压集成电路 IC5 用 HA431 或 TL431，外形和引脚排列如图 3-5（a）。发光二极管 LED3 和 LED6 用红色 ϕ3 高亮发光管，其他发光二极管用 ϕ3 绿色高亮发光管。场效应管 VT2 和 VT4 用 2SK363，外形和引脚排列如图 3-5（b）。拨动开关 K1 用 2×2 的小型拨动开关。电池盒用两节 5 号电池盒和两节 7 号电池盒各一个。

制作与调试

首先要对电池盒进行改制。把原来正负极相连的铜片（有的是铁片）用美工刀割出痕迹，再用小螺丝刀翘断，并焊出引线形成独立的一节电池盒，如图 3-6 所示。

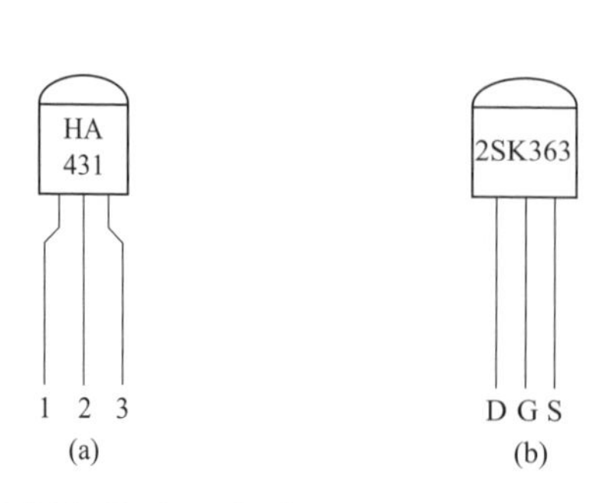

图 3-5　HA431 和 2SK363 外形引脚图

1—参考；2—阳极；3—阴极

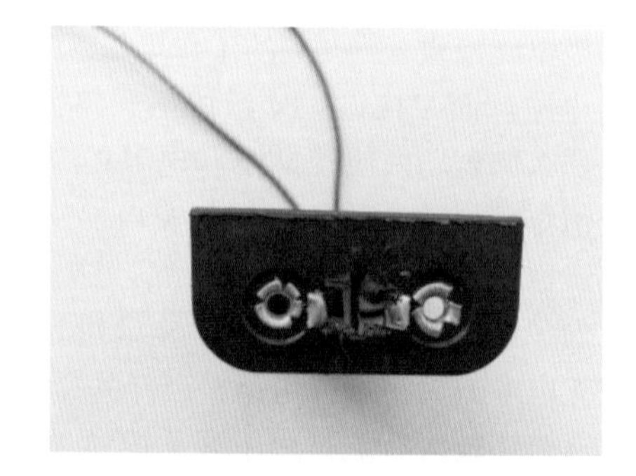

图 3-6　电池盒改制

电路板的设计可以在前面安排整流滤波电路，后面分上下两部分（上下各一路），用刀刻法制作的电路板如图 3-7 所示。

然后焊接元器件，R9 和 R10 如找不到相应阻值的电阻，也可以用两只 2.2kΩ 电阻并联代替 1.1kΩ，两只 3kΩ 并联代替 1.5kΩ。最后应该检查焊接是否有误。焊接好的电路板如图 3-8 所示。接着找一个塑料外壳（这里使用的是装棉签的塑料外壳），把变压器和电路板装入其中，在上盖板安装发光管和电池盒，将发光管焊上引线，发光管负极焊在一起，引出一条引线，而发光管正极各引出一条引线，共 7 条。然后用螺钉把电池盒固定在面板上，把开关 K1 固定在盒子的一侧。把发光管、开关、电池盒引线和电路板连接，由于引线比较多连接完成还需要仔细检查，无误后用尼龙扣把线扎在一起，使引线看上去不那么乱。安装好的充电器外观如图 3-9 所示。

接下来将电路板和变压器连接，不放充电电池。通电测电容 C1 两端电压为 5 ～ 7V，如图 3-10 所示。

◎ 图 3-7　刀刻法制作的电路板

◎ 图 3-8　焊接好的电路板

◎ 图 3-9　安装好的充电器

◎ 图 3-10　测电容电压

将IC2的5脚用一条引线和电源正极相连，再用另一条引线使2脚和地相连。将万用表电流挡接入电池E1的正极。先把K1-1拨到1，调节电池电流为85mA（850mAh的电池）。如有出入，调R4的值直到正常。再将开关K1-1拨到2，测电流的值为150mA（1500mAh的电池），如有出入调R3。用同样的方法调节电池E2的电流。正常后，取下2脚和5脚的连线，测IC5阴阳极的电压应为2.5V，然后用数字万用表测IC2的5脚电压应为1.44V。

接着进行正常的充电实验。将电池装入充电，相应的指示灯应能发光，充电结束后红色指示灯LED3和LED6熄灭，说明工作正常。新的电池充电时间一般在10h左右，旧的电池充电时间没有那么长。实验同时观察变压器是否发热，如发热严重说明电路内部有短路，要进行检查，微热为正常现象。如发现三极管发热严重，可适当降低变压器的输出电压（减少线圈匝数）。但要求工作时，变压器整流滤波后输出电压不低于3.5V。

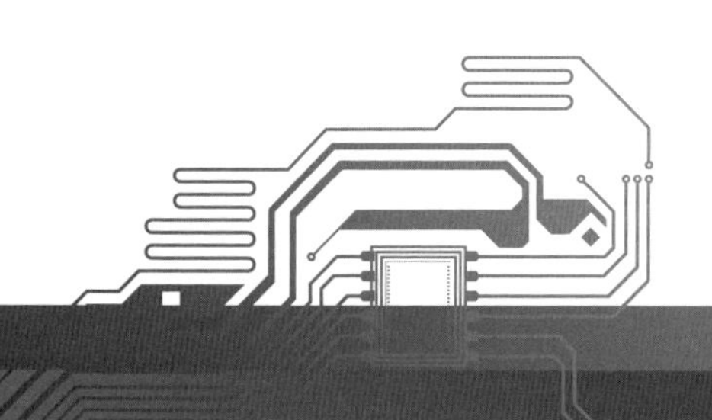

第四章 控制灯光的独门秘籍

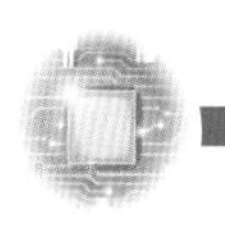

1 变色灯

本节介绍的变色灯，是用半导体发光管制作而成，它能按红橙黄绿青蓝紫七种颜色顺序循环变化，从而产生绚丽多彩的颜色效果，给人以无限的遐想。并且能根据实际的需要发白光，用来夜间照明。

工作原理

图 4-1 是变色灯的原理图。

当拨通开关 K1 并使 K2 的 2、3 接通时，在 R6 两端产生一个脉冲信号加到 CD4017 的清零端 R，使 Y0 为高电平，其他为低电平。CD4069 等元件组成频率可调的多谐振荡器开始振荡，由输出端输出方波信号加到 CD4017 的输入端 CP。开始时，由于 Y0 为高电平，则电流通过 VD2、R2、VT1 的基射极、R8、VD12 到电源的负极。这时，VT1 导通，红色发光管 LED 发光。接着 CP 端输入第一个脉冲，Y1 为高电平，同理三极管 VT2 导通，绿色发光管 LED 发光。同时由于 VD3 的作用，使 VT1 也导通，这样就使红色发光管继续发光，由于 R9 的阻值较大，绿色发光管发光较弱，红绿两种光混合后为橙色。当 CP 端输入第二个脉冲时，Y2 为高电平，三极管 VT3 导通，由于 VT2、VT3 集电极并联，绿色发光管 LED2 发光，由于 R11 阻值较小，则绿色光较强，红绿光混合后为黄色。当 CP 端输入第 3 个脉冲时，Y3 为高电平，同样也使 VT3 导通，绿色发光管继续发光，但由于 VD5 的隔离作用，红色发光管不再发光，这时只发绿色光。当 CP 端输入第四个脉冲时，VT3 导通，绿色发光管还继续发光，同时 VT4 也导通，蓝色发光管 LED3 发光，绿蓝两种光混合后变为青色。当 CP 端输入第

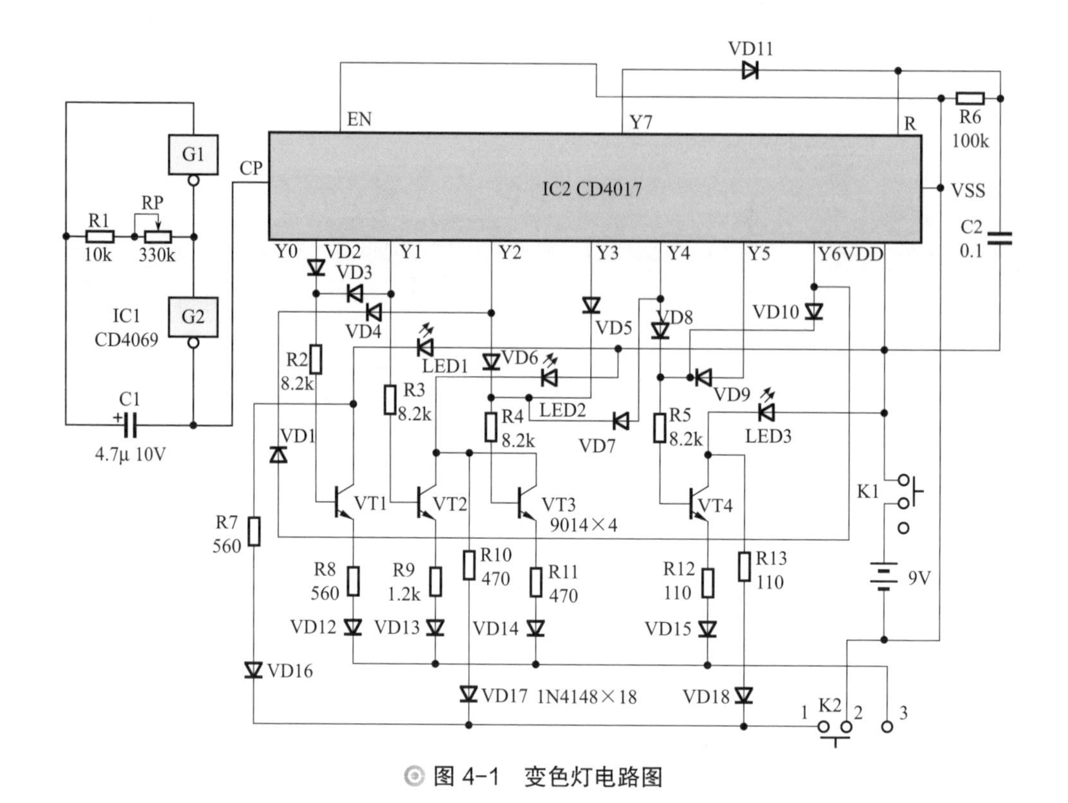

图 4-1 变色灯电路图

5 个脉冲时，Y5 为高电平，VT4 导通，但由于 VD8 的隔离作用，绿色发光管不发光，这样就只发蓝色光。当 CP 端输入第六个脉冲时，Y6 为高电平，VT4 导通，蓝色发光管继续发光。同时电流通过 VD1 使 VT1 也导通，红色发光管也发光，红蓝光混合后为紫色。然后又重复以上过程。

当拨动开关K2使1、2接通时，电源电压直接加在三只发光管和相应的限流电阻上，使三只发光管同时发光，混合后为白色光。其中，二极管 VD12 ～ VD18 为隔离二极管，目的是发各种颜色光时不受到干扰。

元件选择

IC1 用六反相器 CD4069，IC2 用十进制计数 / 脉冲分配器 CD4017。LED1 用红色发光管，LED2 用绿色发光管，LED3 用蓝色发光管，发光管直径都为 3mm。三极管 VT1 ～ VT4 用 9014，β 在 150 ～ 200 范围。二极管都用 1N4148。K1、K2 用 1×2 的拨动开关。电池用 9V 的叠层电池。电路板尺寸为 85mm×53mm。其他元件无特殊要求。

制作与调试

为了使几种光能混合在一起，需要找一个白色的塑料罩（可用大号 502 胶水盖代替）。当光线由白色罩内发出时，就会使几种颜色的光混合，变为相应颜色的光。

再按图 4-2 制成电路板。装上元件焊接无误后，把白色罩罩在三只发光管上，合上开关 K1 并使 K2 的 2、3 接通，这时白色塑料罩内应能按顺序发出各种光。如发光颜色有误，可调整相应发光管的高度，直到各种光的颜色正常。如颜色不太均匀，可调整发光管的排列位置，同时调 RP，光的颜色变化应有快有慢。接着再拨动 K2 使 1、2 接通，应能发白色光。要求电阻 R7 和 R8，R10 和 R11、R12 和 R13 阻值要相同。一切正常后，找一塑料盒在相应位置开孔，并把电池、电路板装入盒中，把开关白色罩用百得胶固定在所开的孔上，这样一个变色灯即制成，整体示意图如图 4-3。

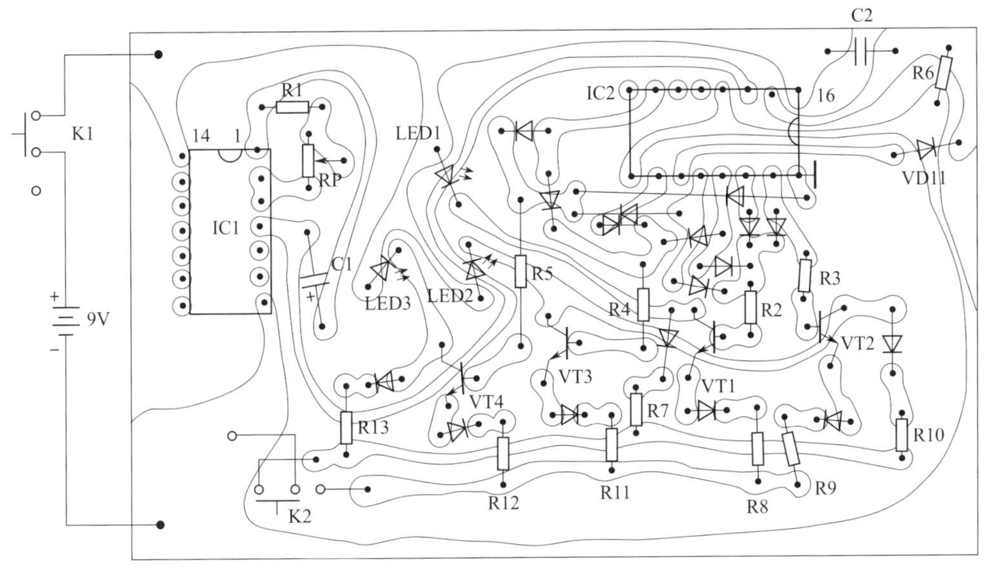

图 4-2 变色灯电路板

2 路灯光控开关

目前，光控开关的电路很多，但也存在一些问题，如光控时，灯在亮暗转换过程中会闪烁不定，影响了灯的寿命。同时，有的电路耗电量较大。针对以上情况，笔者设计了一种光控开关，它采用电容降压电路有效地降低了功耗，并采用时基集成电路使灯不易闪烁。

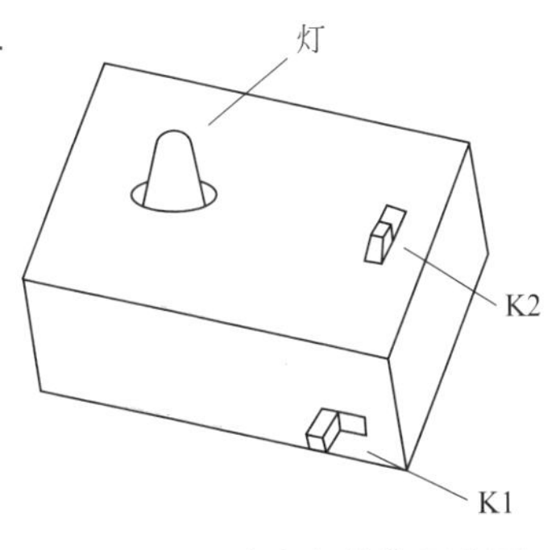

图 4-3 变色灯整体示意图

工作原理

如图 4-4 所示。220V 交流电电压通过电容 C3 降压，二极管 VD1 整流，稳压管 VD2 稳压和电容 C2 滤波后，输出 6V 的稳压电压供光控电路使用。IC 和外围元器件组成光控电路。白天，光线较强时，光敏电阻 RG 的阻值较小，IC 的输入端 2、6 脚为高电平。晶闸管 VS 的控制极没有电流通过，电灯 EL 不亮。当夜晚降临时，光敏电阻的阻值变大，当阻值增大到一定值时，使得输入端 2、6 脚为低电平，输出为高电平。这时晶闸管的控制极有电流通过，电灯发光。当第二天的白天到来时，光敏电阻的阻值又逐渐变小，又使得输入端 2、6 脚为高电平，输出为低电平，电灯熄灭。而灯不易闪烁的原理是：当灯快要从亮到灭或从灭到亮时，都会使 IC 的输入端 2 脚为高电平，6 脚为低电平（相对于内部比较器而言），输出保持原来的高电平或低电平。当灯从亮到灭或从灭到亮时，输出端 2、6 脚都为高电平或低电平，即输出从高电平变为低电平或低电平变为高电平，这时即使输入电平有不稳定的情况，也不会使输出电平发生变化，从而避免了灯的闪烁。

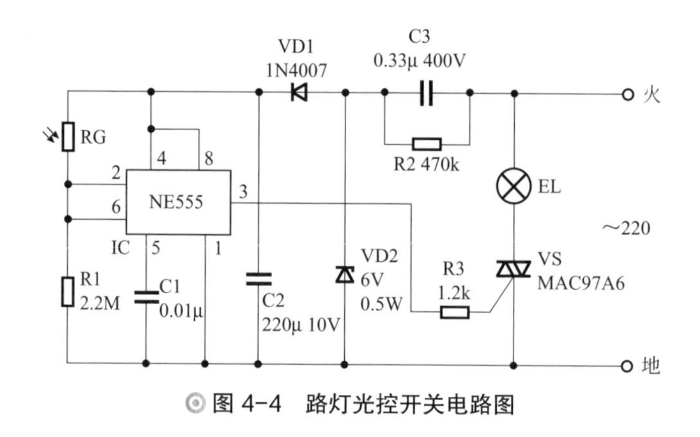

图 4-4 路灯光控开关电路图

元件选择

IC 选用时基电路 NE555。降压电容 C3 用 0.33μF 400V 的涤纶电容。晶闸管 VS 为 1A 400V，型号可选 MAC97A6。稳压管 VD2 用 6V 0.5W。光敏电阻 RG 选用常见型号（亮电阻＜ 10kΩ、暗电阻＞ 2MΩ）。电灯 EL 用 5 ～ 20W 的节能灯或 LED 灯。

制作与调试

制作时，按图 4-5 制作一块电路板。元件焊接无误后，接好线路和灯，要求按图中要求接地线和火线。通电后，用万用表测电容 C2 两端电压应为 6V，如测量发现电压为 0V，说明稳压管击穿。电压正常后，用黑胶布贴在光敏电阻上时灯要发光，而撕开胶布时灯要熄灭，则说明电路基本正常。然后，用万用表测晶闸管控制极电流约为 3mA 则正常，如发现电流大于 5mA，应调小 R3 的阻值。

最后，找一塑料壳（也可以用声光控开关壳代替）。在塑料壳上开一小孔，使光敏电

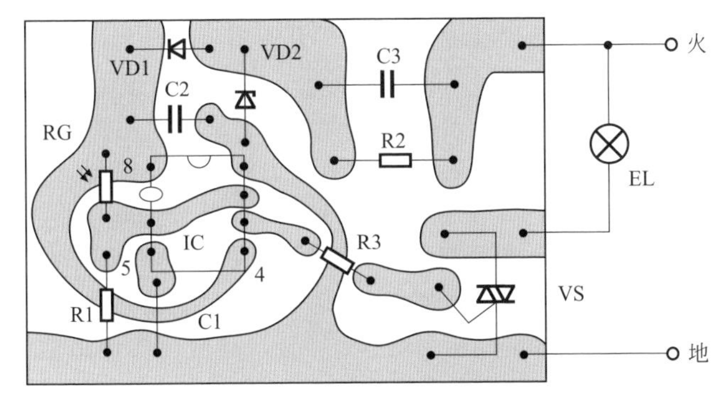

◎ 图 4-5　路灯光控开关电路板

阻表面能够露出。这样，路灯光控开关即制作完成。安装时，最好找自然光易照到的地方，并且不要安装在会被雨淋湿的地方。使用中如发现灯亮暗时间不尽人意，可适当改变 R1 的阻值。

3　对射式卫生间自动灯

本节介绍的自动灯只要人走进卫生间，灯就会自动亮起来，人出来后灯自动熄灭，并且可控制其白天不亮。该自动灯有电路简单、控制方便的优势。

工作原理

如图 4-6 所示。

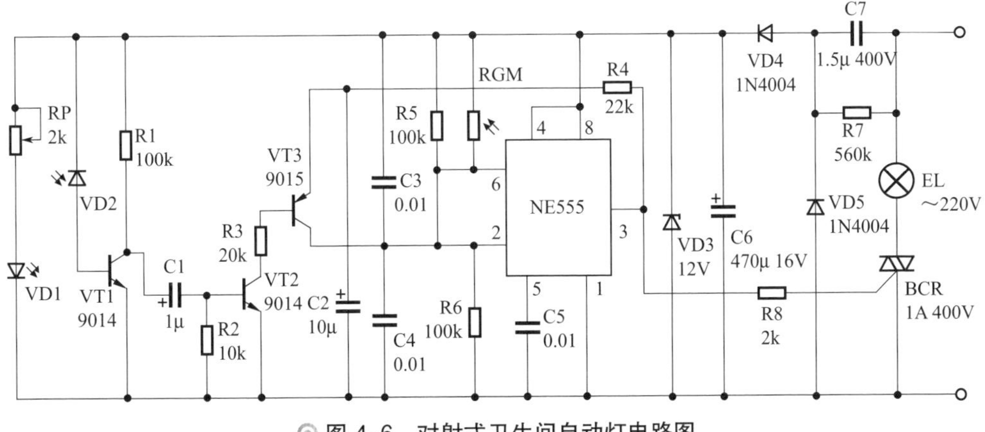

◎ 图 4-6　对射式卫生间自动灯电路图

红外发光二极管 VD1 和光敏二极管 VD2 等元件组成红外光控电路。VD1 发出的红外光在没有人阻挡时，直接照射到光敏二极管上，使其反向电阻变小，三极管 VT1 的集电极为低电位。当有人阻挡红外光线时，光敏管的反向电阻变大，VT1 的集电极上升为高电平。C1 和 R2 组成触发电路，把 VT1 产生的高低电位变化转换成正尖脉冲去触发三极管 VT2 的基极。而 VT2 和 VT3 等元件组成了开关控制电路，用来控制 NE555 输入端的高、低电平。时基电路 NE555 接成双稳态形式。在输出端 3 脚为低电平时，由于 6、2 脚并联，同时 R5、R6 分压使 6、2 脚电压为 6V 左右，输入端为 R=1，S=1，输出保持低电平。当光控电路输出信号时 V2 导通，这时电源电流通过 R5、VT3 的集电极和基极、R3、VT2 到地，以及三极管 VT3 反向放大能力的作用，使输出端为 R=0，S=0，NE555 的 3 脚输出高电平。同时由于 C2 两端电压不能突变，脉冲过后 VT3 截止，3 脚输出高电平经 R4 对 C2 进行充电。当光控电路再次输出信号时 VT3 导通，C2 两端电压通过 VT3 加到 R6 上使输入端 R=1，S=1，输出低电平，同时 C2 通过 R4、NE555 的 3 脚放电。这样就完成了高、低电平的变化。当 NE555 输出高电平时，双向晶闸管 BCR 导通，灯泡发亮。当 NE555 输出低电平时，双向晶闸管截止，灯泡熄灭。光敏电阻 RGM 为自然光控制元件，因白天呈低阻状态，NE555 输入端 2、6 脚为高电平，灯泡不亮。晚上呈高阻状态（71MΩ），输入端保持原有状态。C3、C4 为抗干扰电容，避免电路受杂波干扰，使电路产生误动作。电容 C7、VD3、VD4、VD5 等组成电容降压半波整流稳压电源，为电路提供 12V 的稳压电压。

元件选择

红外发光二极管 VD1 和光敏二极管 VD2 选用普通型号，如 HIR405、PH302 等。RP 选用立式微调电阻。三极管 VT1、VT2 型号为 9014，β 为 150 ～ 200，PNP 管 VT3 为 9015。时基电路选用 NE555。稳压二极管 VD3 选用稳定电压为 12V，功率 0.5W 的。双向晶闸管 BCR 选用 1A 400V。灯泡不大于 100W，降压电容 C7 选用 1.5μ 400V 的优质涤纶电容。电解电容都用耐压为 16V 的。C1 选用漏电小的钽电容。光敏电阻 RGM 选用亮阻小于等于 3kΩ，暗阻大于等于 1MΩ 的型号。

制作与调试

先给 VD1 加装聚光装置。方法是找一只直径为 1.5 ～ 2.5cm 的凸透镜和一个瓶子盖，将透镜装入盖中用钢丝圈固定。再找两个一大一小的塑料盒，把透镜装在小的塑料盒前用胶水固定，盒子内线路板上焊发射管，较大的塑料盒用来装主线路板。再准备一块深红色有机玻璃，可用照相底片代替（有的不需要照相底片）。

先根据图 4-7 用刀刻法制成线路板。选择元件焊接无误后，就可以进行调试。为了调试安全方便，先用备用电源 12 V 接入电路，用镊子将 R6 两端短路，要使 NE555 输出不同的电平。然后调红外光控电路，先取下光敏电阻，把发射、接收装置拉开一定距离，调 RP 使发射管中电流为 20mA 左右，并把发射装置对准接收装置，用手阻挡红外线，NE555 的第 3 脚要有不同的电平，再拉开距离至 60 ～ 80cm，调发射管与透镜的距离，同样要使输出正常，然后固定发射管位置，将光敏电阻装好，断开备用电源，接220V 电源，工作正常后即调试完毕。在主线路板盒上开两个小孔，以使红外光和自然光能照在相应的元件上，并在对着接收管的孔上贴上滤色片，装好后把装置固定在卫生间门框两端离地面 1m 高的位置，如图 4-8 所示。安装时要考虑光敏电阻尽量不受灯光照射。

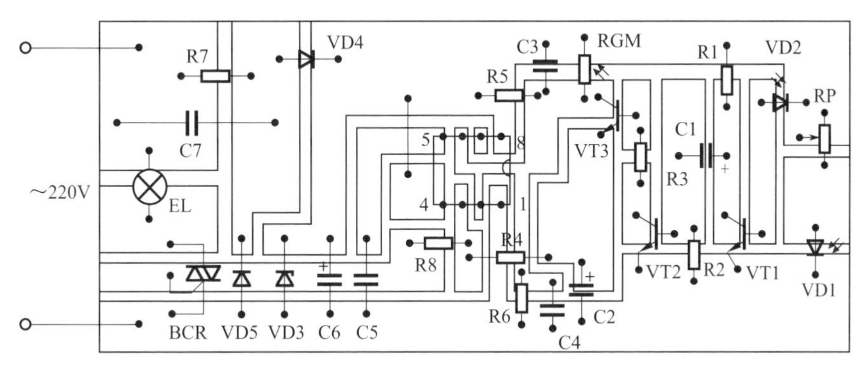

◎ 图 4-7　用刀刻法制线路板

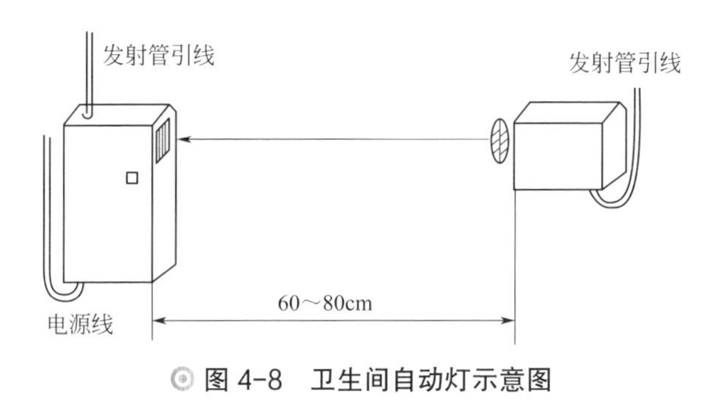

◎ 图 4-8　卫生间自动灯示意图

4　反射式超声波楼道灯

本节介绍一种用超声波控制的楼道灯。它利用超声波反射的方法进行开关控制，能做到人通过楼道时自动点亮电灯，并延时一段时间熄灭，白天不亮。超声波反射式楼道灯相比红外线式有较大的优点，如它的探测距离比较远。与目前使用的热释电红外灯相比也有优点，如人不移动也可以控制。当然也有不足之处，如控制范围比较小。因此，我们可以根据需要选择不同的产品。

工作原理

如图 4-9 所示。220V 的电压通过变压器 B 输出 12V 的电压，经过二极管 VD1 ～ VD4 的整流后加到稳压集成块 IC1 的输入端，并经过稳压后输出 9V 的稳定电压，供给后级电路使用。

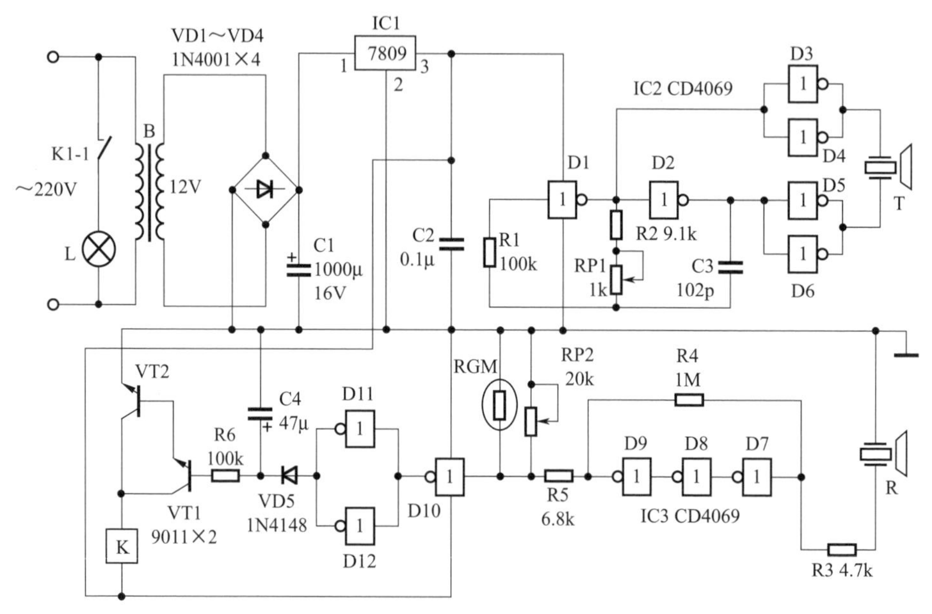

◎ 图 4-9　反射式超声波楼道灯电路图

非门 D1 和 D2 构成自激多谐振荡器，工作频率为 40kHz，改变微调电阻 RP1 可以改变工作频率。为了使输出电流较大，这里采用了交流电压驱动超声波传感器。方法是在 D1 和 D2 输出端输出，再经过非门 D3 ～ D6，最后推动超声波传感器 T 发出超声波。

非门 D7 ～ D9 等元件构成小信号放大器。改变电阻 R3 的值可以改变放大器电压放大倍数，这里取 4.7kΩ。由超声波传感器 T 发射出的超声波遇到人后，反射进入超声波传感器 R，它把超声波变为电信号，经放大器放大，经过电阻 R5 加到微调电阻 RP2 上，信号同时通过非门 D10 反相，再经过并联非门 D11 和 D12 作进一步整形，再经过二极管 VD5 进行信号隔离加到电容 C4 上，在电容 C4 上形成比较平稳的直流电压。最后，直流信号通过三极管 VT1、VT2 的基极，由三极管导通和截止控制继电器 K 的吸合和断开，从而进一步通过 K1-1 控制灯泡的亮和灭。当没有人通过楼道时，超声波反射到超声波传感器 R 的能量很小，经过 D7 ～ D9 构成的放大器放大后 , 在 RP2 上的信号电压很小，不能使非门的电平发生变化，即 D10 输出为高电平，D11、D12 输出为低电平，三极管 VT1 和 VT2 截止，继电器不吸合，灯 L 不亮。当有人通过楼道时，超声波传感器 R 获得的能量较大，由放大器 D7 ～ D9 放大后，在 RP2 上得到较高信号电压，使 D10 输出低电平，D11、D12 输出高电平，三极管 VT1、VT2 导通，继电器 K 吸合，灯 L 点亮。并且由于电容 C4 通过 VT1、VT2 放电，使电灯 L 能延时 20s 后熄灭。调 RP2 可以改变 D10 的触发电平。光敏电阻 RGM 在白天时电阻很小，使 D10 输出总为低电平，电灯 L 不亮。

元件选择

集成稳压块 IC1 选用 7809。非门集成电路 IC2、IC3 选用 CD4069 或 HCF4069，质量要好的，以便可靠工作。三极管 VT1 和 VT2 用 9011，β 在 100 ～ 150 范围。二极管 VD1 ～ VD4 用 1N4001，VD5 用 1N4148。微调电阻 RP1、RP2 用卧式塑料调整盖微调电阻。电容 C3 选用 1000pF 的瓷片电容。继电器 K 选用小型 9V。超声波传感器用 40T 和 40R 各一只，外型如图 4-10 所示。光敏电阻 RGM 用亮阻小于 3kΩ 暗阻大于 1MΩ 的型号。变压器 B 选用 3W 6V。

图 4-10　超声波传感器

制作和调试

可以按照图 4-11 制作一块电路板或者自己设计制作一块电路板，大小要求刚好能装入外壳即可。要求发射和接收电路在电路板的两侧，稳压电路在发射电路的同侧。

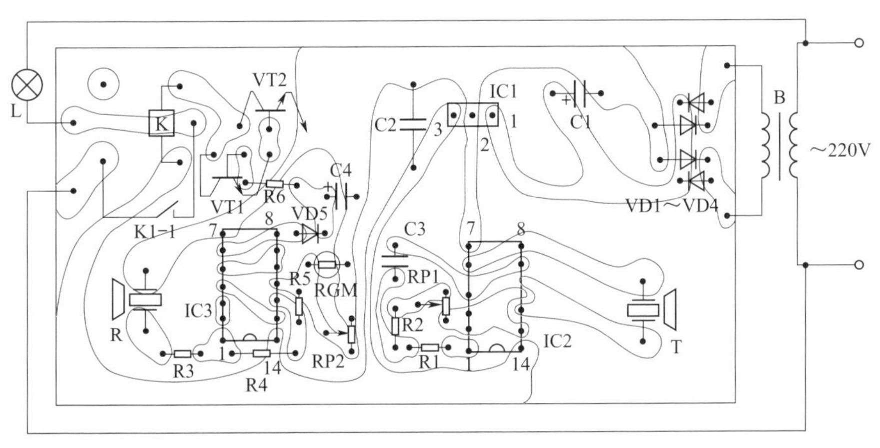

图 4-11　反射式超声波楼道灯电路板

超声波发射头 T 和接收头 R 相距 8cm 左右。电路板设计制作完成后，检查元件焊接是否有误，对焊错的元件进行纠正，完成后的电路板如图 4-12 所示。

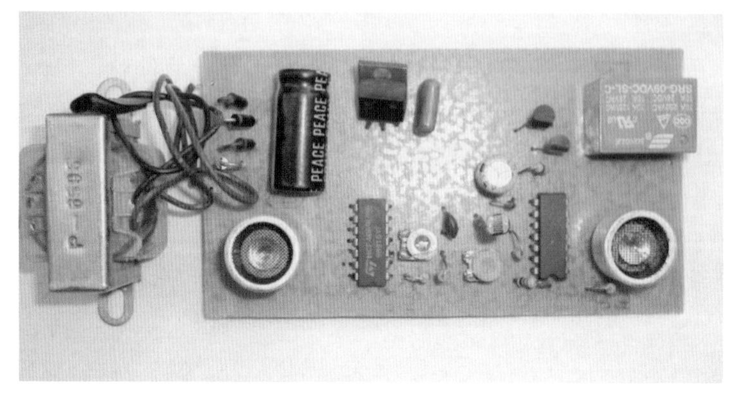

图 4-12　完成的反射式超声波楼道灯电路板示意图

接着进行调试。首先，调试可以在室内进行，先在电路板的地线部位焊一块作为底座的电路板。接通 220V 的电源，测 IC1 的输出电压应为 9V。然后调整多谐振荡器的频率。方法是：将和传感器 T 连在一起的印刷电路断开（可以用小刀刻一个口）。在断开处焊一只 IN4001 的二极管，然后用万用表直流 10mA 挡接在二极管两极上。调微调电阻 RP1 使电表的电流最大。如使电流减小，则要反方向调节，直到电流最大，可以反复多次。调节越准确，效果越好。并且调试时超声波传感器发射头 T 的前方不要有障碍物，以免影响调试。然后将电路板连同底座固定在桌子上，在电路板前 2m 处放一木板，调微调电阻 RP2，使继电器刚好吸合，如图 4-13 所示。同样可以反复多次。如无法确定继电器是否吸合，可以在继电器触点上接发光管，通过发光管亮灭来确定。

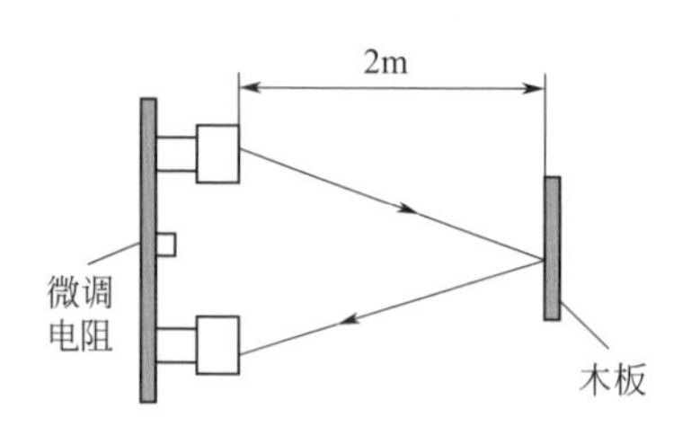

图 4-13　微调电阻与木板摆放图

完成后，找一个塑料外壳，在外壳前方开两个孔，让超声波传感器能露出一些，为了避免调试时损坏电路板，最好在传感器的引脚上再粘上 AB 胶进行加固。同时在外壳上开一小孔让光敏电阻露出。然后把电路板和变压器用螺钉固定在壳内并引出 4 条导线，2 条接 220V 电源，2 条接电灯。完成后，将开关盒安装在楼道过道 1.2m 的高处，并且前方要空旷一些，这样才能使开关工作起来较为灵敏。电灯可以使用原来的楼道灯，如图 4-14 所示。

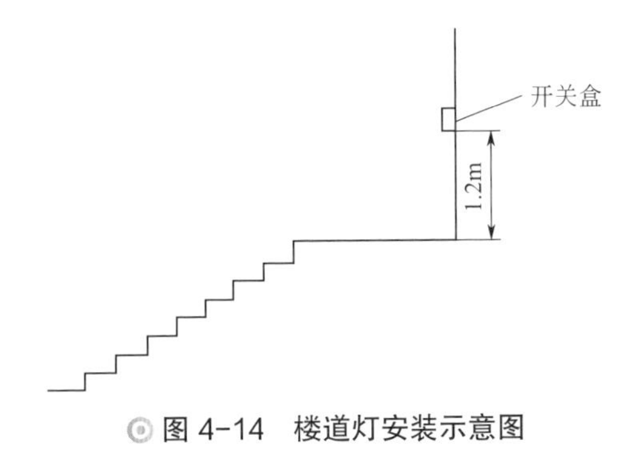

图 4-14　楼道灯安装示意图

安装完成后，先不要接光敏电阻进行进一步的调试。方法是调整 RP2 使人来灯亮，并能延时 20s 灯灭。可以反复多次直到满意。最后，接上光敏电阻。这样反射式超声波楼道灯即制作完成。

5 日光灯自动调光器

本节介绍的日光灯自动调光器能对日光灯进行自动调光：当环境光线强时，日光灯光线会变暗；当环境光线暗时，日光灯光线会变强。这种调光器能使日光灯白天少用电，可应用在学校的教室、工厂的车间等使用日光灯照明的地方。

工作原理

日光灯自动调光器原理图如图 4-15 所示。

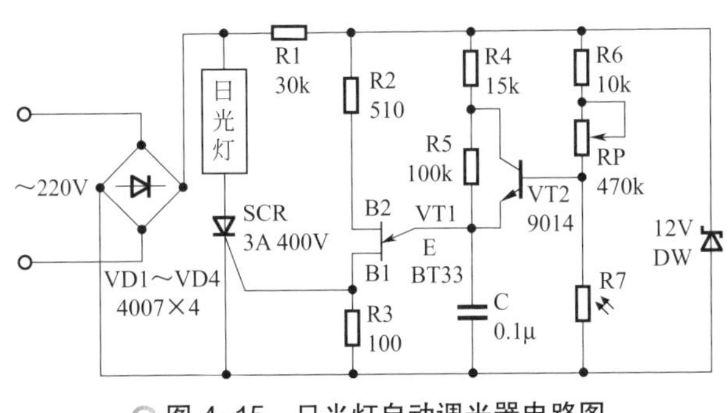

图 4-15　日光灯自动调光器电路图

220V 交流电压经过二极管 VD1 ～ VD4 组成的桥式整流电路整流后变成脉动直流电压，然后分成两路为有关电路供电。一路电压经过 R1，再经 DW 稳压后变为稳定的 12V 脉冲电压供由双基极二极管 VT1、电阻 R2、R3、R4 和电容 C 组成的弛张振荡器使用。电路振荡后由 R3 输出尖脉冲去触发可控硅 SCR。三极管 VT2、电阻 R5、R6、R7 和 RP 组成振荡频率自动控制电路。当环境光线强时，光敏电阻 R7 阻值变小，使流入三极管 VT2 的基极电流变小，VT2 的集射极电阻变大，振荡器振荡频率变低，可控硅 SCR 的导通角度变大，日光灯电压变低，光线变暗，反之，光线变强。另一路电压自日光灯电路经过电子镇流器内部的桥式整流电路（桥式整流电路改作隔离电路，避免弛张振荡器电路受到电子镇流器电压的影响），再经过滤波电容的滤波形成稳定的直流电压供振荡器使用。

元件选择

单向可控硅 SCR 选用 3A 400V（不加散热片）。双基极二极管用 BT33 或 BT35。三极管 VT2 用 9014，β 为 200 ～ 250。稳压管 DW 用 12V 0.5W。电阻 R1 用 30kΩ 2W 的碳膜电阻。二极管 VD1 ～ VD4 用 IN4007，光敏电阻 R7 用亮阻小于 3kΩ，暗阻大于 5MΩ 的型号。电子镇流器滤波电容改为用 33μF 400V 的电解电容。

制作与调试

先把日光灯电子镇流器取下，焊去原来的 4.7μF、400V 的滤波电容，换上 33μF 400V 的电容，再按图 4-16 所示电路板焊好各元件。

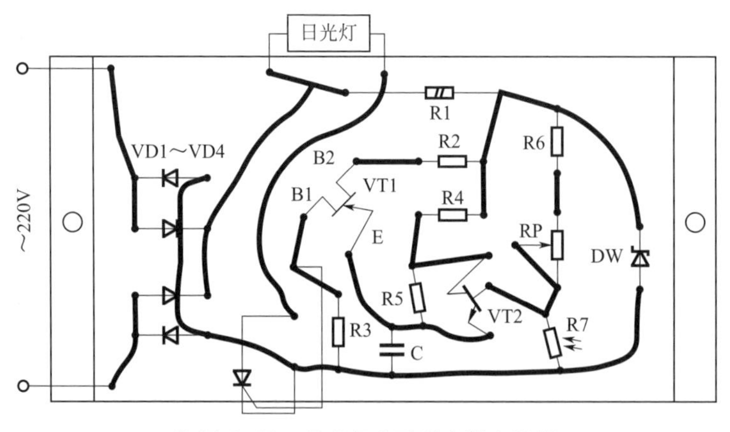

图 4-16　日光灯自动调光器电路板

元件焊接时要注意可控硅、双基极二极管的引脚不可弄错。焊接无误后，把电路和日光灯电路相连接，加上 220V 的市电就可以进行调试。先焊开三极管 VT2 的集电极和发射极，把 R5 用 470kΩ 的微调电阻代替，调微调电阻使日光灯刚好熄灭，量出阻值再用定值电阻替换，再重新焊上集电极和发射极。接着在光敏电阻上套一段黑色塑料管。在光线暗时调微调电阻 RP 使日光灯刚好完全点亮，再调黑色塑料管在光敏电阻表面露出的长度，使光线亮时日光灯完全熄灭。按以上步骤反复调整几次直到满意为止。该电路可用于 40W 或 20W 的日光灯。

需注意的是，该电路带电，焊接时要断开电源，调试时不要用手直接接触线路板。

6 视力保护灯

现在很多中学生由于学业紧张繁重，很大一部分得了近视，这主要是由于学习习惯不良引起的，如看书时间太长或在光线不足的地方看书、学习。本节介绍的视力保护灯，能在学习一段时间后，自动发出音乐声，让学生休息片刻调节一下，然后继续学习。同时，在光线较暗时，能自动打开台灯，光线较亮时又能使台灯自动熄灭。这样就可以有效地缓解上述情况引起的近视。

工作原理

视力保护灯电路图如图 4-17 所示，由三个部分组成。

(1)电源电路

220V 的交流电压经变压器 B 变压后，输出双 6V 的电压，经二极管 VD1 和 VD2 的整流，再经电容 C1 的滤波输出约 6V 的直流电压供后级电路使用。而音乐片的电源是将 6V 的电压经稳压管 VD6 降压后变为 2.4V 的电压作为音乐片的电源，为了使音乐片能可靠工作，在音乐片电源上再接一只 470μF 的电解电容 C6。

(2)定时电路

当开关 S 合上后，6V 电源通过电阻 R1 向电容 C2 充电，电流通过光电耦合器 IC1 中的发光管使光敏三极管导通，电源又通过电容 C3 迅速充电。光电耦合器的 4 脚变为低电平。这个低电平通过电阻 R3 加到时基电路 IC2 的 2、6 脚，使 3 脚输出高电平。高电平一路通过 R5 加到 IC4 时基电路的 4 脚，使继电器 K 吸合，灯 L 发光。另一路通过 R6 加到三极管 VT2 的基极，这样就使 VT2 的基极为高电平而截止，音乐片不发声。这时，电容 C3 开始通过电阻 R2 放电，约 1h 后放电结束，光电耦合器的 4 脚变为高电平，使 IC2 的 2、6 脚也为高电平，3 脚输出低电平。灯 L 熄灭，7 脚内的放电管导通。电容 C2 通过 7 脚放电，并使光电耦合器中的发光管有电流通过，光敏管又导通，电容 C3 重新被充电。同时，在 3 脚高电平时对电容 C5 充的电，开始通过导通的三极管 VT1 向电阻 R3 放电。三极管 VT2 也导通，音乐片 IC3 工作，音乐声通过喇叭 BL 发出。约 10 分钟后，三极管 VT1 由于电容 C5 放电完毕变为截止，使 2、6 脚又变为低电平，3 脚输出高电平。三极管 VT2 变为截止，音乐片停止工作，电容 C3 又开始通过 R2 放电重复上述过程。其中二极管 VD5 是开关 S 断开后，使电容 C5 迅速放电，避免造成误动作。

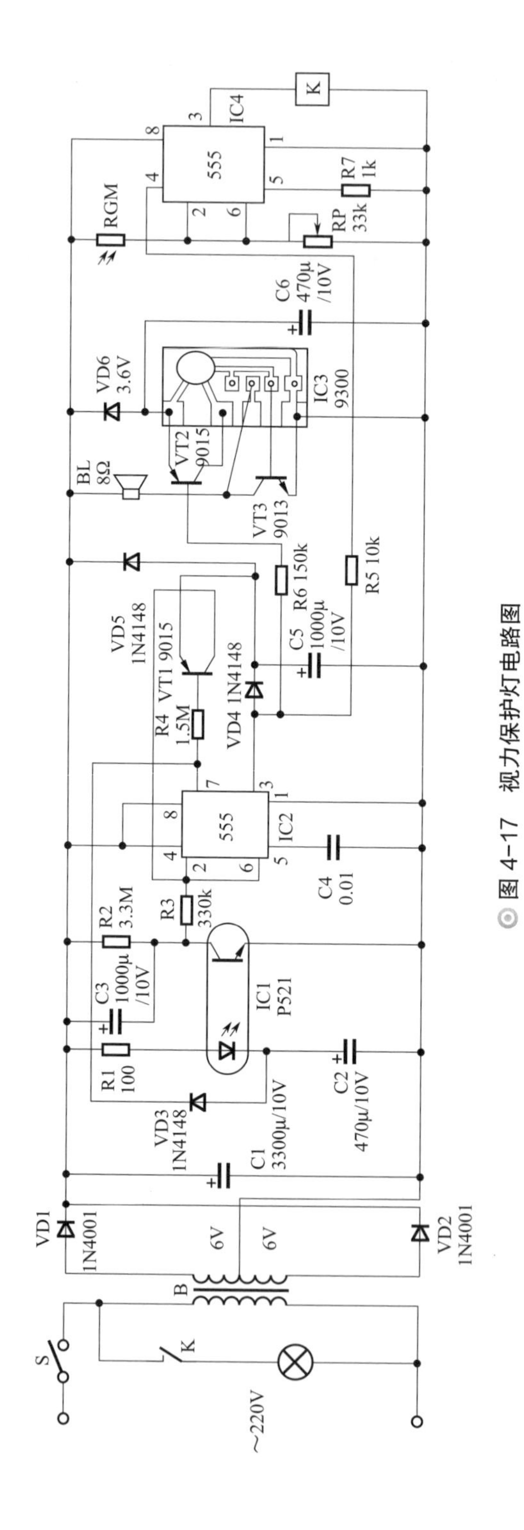

图 4-17 视力保护灯电路图

（3）光控电路

当光线较暗时，光敏电阻 RGM 的阻值变大，2、6 脚为低电平，并且在 1h 的定时时间内，4 脚（总复位端）为高电平，3 脚也为高电平，电灯 L 发亮。光线较强时，光敏电阻 RGM 的阻值小，IC4 的 2、6 脚为高电平，4 脚无论电平高低，3 脚均输出低电平，继电器 K 不吸合，电灯 L 不亮。同时，为使 2、6 脚高低电平有较小的电压回差，缩小电灯 L 亮暗的界线，电路中加接了电阻 R7。

元件选择

变压器 B 选用 3W 双 6V 的型号。光电耦合器 IC1 选用 P521。时基电路 IC2 和 IC4 选用 NE555。三极管 VT1 和 VT2 选用 9015，β 在 100 ～ 150 范围；VT3 选用 9013，β 在 150 ～ 200 范围。音乐片 IC3 选用 9300 系列，要求是乐曲声，不能用叮当声或生日乐曲声。光敏电阻 RGM 用亮阻小于 1kΩ，暗阻大于 10MΩ 的型号。喇叭 BL 用小型超薄 8Ω 0.25W 的类型。继电器 K 用工作电压 6V 或 5V 的小型继电器。电容除 C5 外，全部使用耐压 10V 的电解电容，并且漏电流要小。稳压管 VD6 选用 0.5W 3.6V。其他元件无特殊要求。

制作和调试

按图 4-18 制成电路板，尺寸 60mm×105mm。完成后的电路板如图 4-19 所示，要求电路板能放入台灯内。

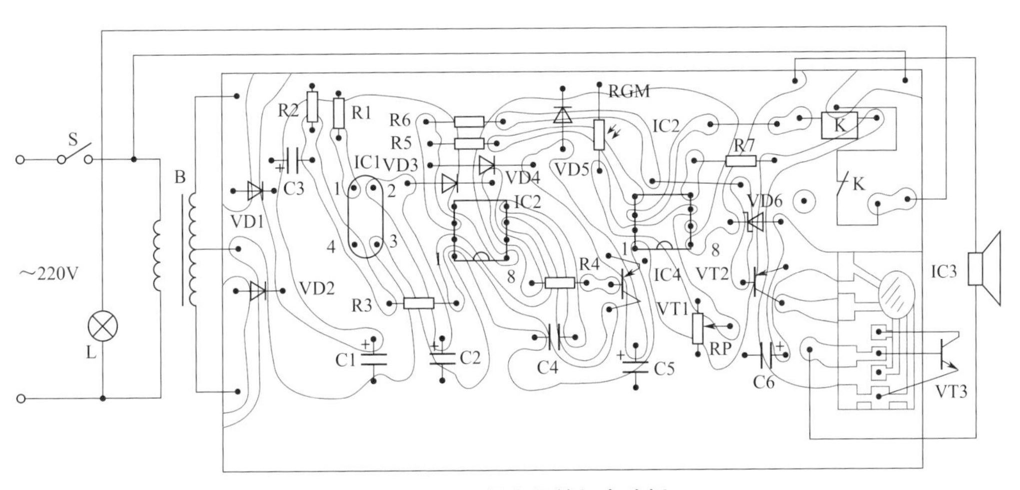

图 4-18 视力保护灯电路板

元件焊接无误后，接通电源，用万用表测电源电压应为 6V。断开电源，用万用表电压挡接电容 C3 两端，再接通电源，应有 5.5V 以上的电压。否则，要减小 R1 的阻值。然后，短路电容 C3，电灯 L 应熄灭，并有音乐声发出，说明电路基本正常。再调定时时间，如定时时间小于 1h，应适当加大 R2 或 C3 的值。如另一定时时间小于 10min，应加大 R3

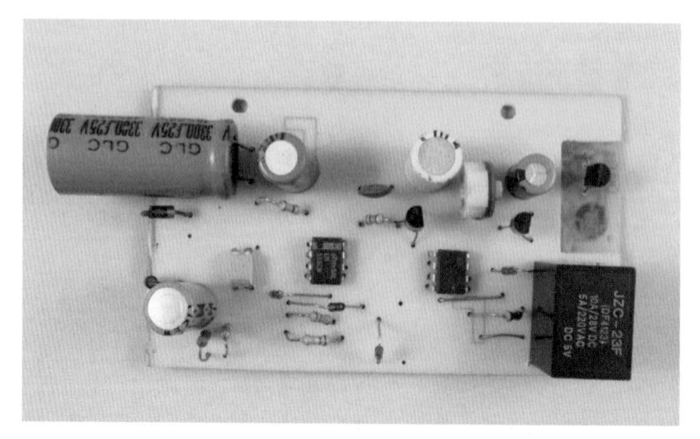

◎ 图 4-19　视力保护灯电路板完成示意图

或 C5 的值。正常后，将电路板装入台灯内，把光敏电阻装在台灯罩上，将喇叭用百得胶固定在台灯座内底板上（底板上要开一些小孔）。再找一适当时间，在光线较暗时，调微调电阻 RP 使电灯 L 刚好发亮，调试工作即完成。这样一个视力保护灯即制成。

7　无功耗亮灭触摸开关

本节介绍的无功耗触摸开关，不同于市面的延时触摸开关。它被触摸一下则亮，再被触摸一下则灭。并且，平时不耗电，只有开关时才消耗一些电能。

工作原理

图 4-20 是无功耗触摸开关的电路图。这里先介绍一下该电路中的元件 K，它是一个磁保持继电器，如图 4-21 所示。它的内部有两个线圈 1 和 2，当在一个线圈 1 上加一个脉冲电压时，触点就会从 2 跳到 3。同理，当在另一个线圈 2 上加脉冲电压时，触点又会从 3 跳到 2 上。当改变脉冲电压的方向时，情况相反。这种继电器只要一个脉冲电压，就可以使触点跳变并保持，可见它是节能的继电器。

当要点亮灯 EL 时，进行通电。触摸触摸片就有微小的电流通过 C3、R5 和人体，C3 得到一定的电压使氖管 V 点燃并触发可控硅 VS1 使其导通。同时，220V 电压通过继电器触点到二极管 VD2，再通过电阻 R2 加到电容 C2 上，使电容 C2 充电。C2 的电压不断上升，当达到 12V 时，稳压管 DW1 导通，可控硅 VS2 也触发导通，12V 电压加到继电器 K 的线圈 1 上，使继电器动作，继电器触点跳到左侧，灯泡 EL 发亮。若要关闭灯 EL，则再次触摸触摸片，可控硅 VS1 导通，220V 电压通过继电器触点、VD1 和电阻 R1 加到电容 C1 上，同样 C1 上的电压不断上升，达到 12V 时，稳压管 DW2 导通，VS2 再次触发导通，

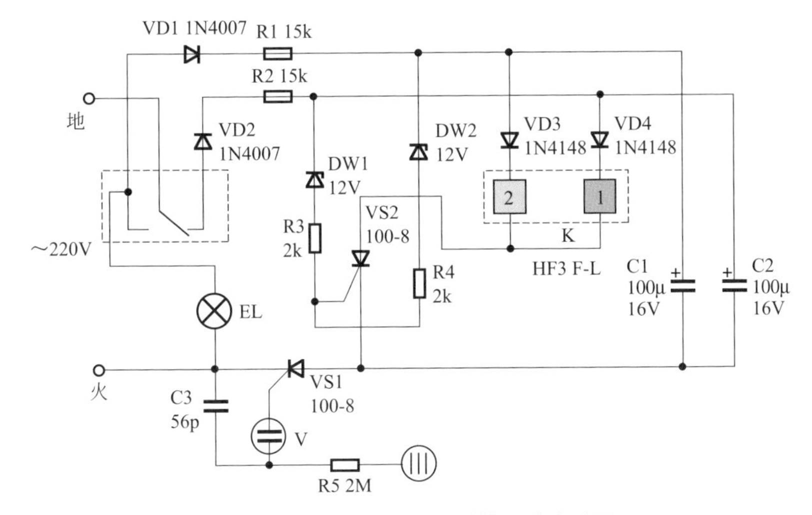

图 4-20　无功耗亮灭触摸开关电路图

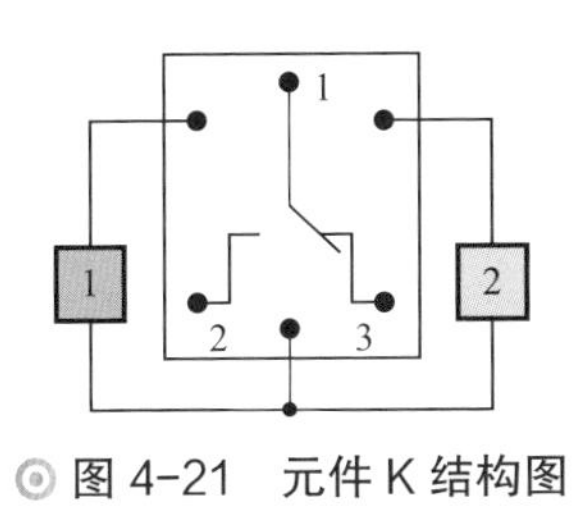

图 4-21　元件 K 结构图

12V 的电压加到另一个线圈 2 上，继电器动作，触点跳到右侧，灯泡两端电压断开，灯熄灭。其中，二极管 VD3 和 VD4 用于防止继电器线圈上的电流反向流动。

元件选择

R1 和 R2 用 2W 的碳膜电阻，稳压管 DW1 和 DW2 用 0.5W 12V 的型号，继电器用 12V 型号 HF3F-L12-1ZL2T，可控硅 VS1 和 VS2 用 MCR100-8，电容 C3 用 56pF 瓷片电容，C1 和 C2 用 100μF 16V 的电解电容，触摸片可以用小压电片上的铜片代替，其他元件无特殊要求。

制作方法

找一块大小为 75mm×60mm 的覆铜板，再按图 4-22 腐蚀成电路板，安装完成的电路板如图 4-23 所示，元件焊接无误后可以调试。将电路板接上市电，触摸触摸片，氖管应该能发亮，同时听到继电器咔嚓一声，灯亮或灭。如氖管不亮，有可能是火线和地线接反，或氖管损坏。如氖管会发亮，但继电器不动作，有可能是继电器的两个线圈接线位置接反了（特别是自己设计的电路板）。调试正常后，找一只大小合适的塑料外壳，将电路板固定在外壳内并引出引线，同时在外壳的面板上将触摸片用万能胶固定住，要注意触摸片不要太大，以减少可能的误动作。这样触摸开关即制作完成，实测开关时间约 1s。

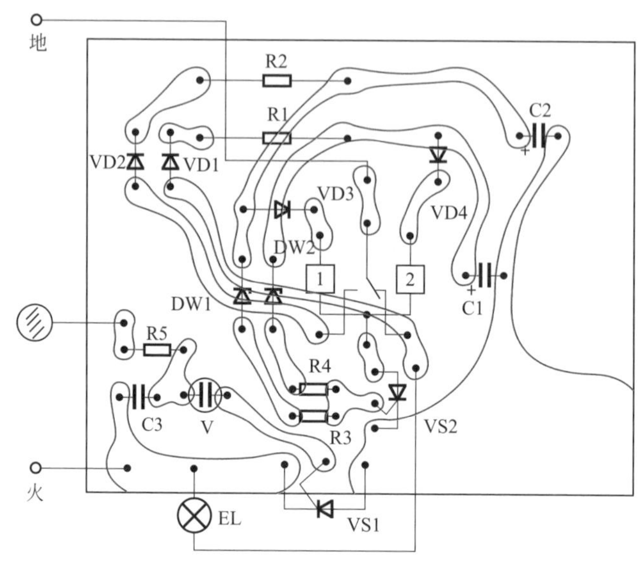

图 4-22 无功耗触摸开关电路板

图 4-23 无功耗触摸开关电路板实物示意图

8 电视自动灯

大家都有如下感觉，看电影和看电视不同，看电影要求周围的光线暗，而看电视要求周围最好有一定的亮度，否则长时间看电视会使眼睛感觉疲劳。因此，很多人看电视总是把灯开着，但既要开电视又要开灯很不方便，本节介绍的自动灯可以在电视打开以后，灯自动亮起来，关了电视，灯又自动熄灭，使用起来很方便。有兴趣可自己动手制作一个这样的灯。

工作原理

由于通电导线的周围存在着磁场。当电视开起来时，通电电源线的周围就会有和交流电变化一样的磁场，那么，我们就可以利用这种磁场作为信号来控制电视自动灯的开和关。电路如图 4-24 所示。

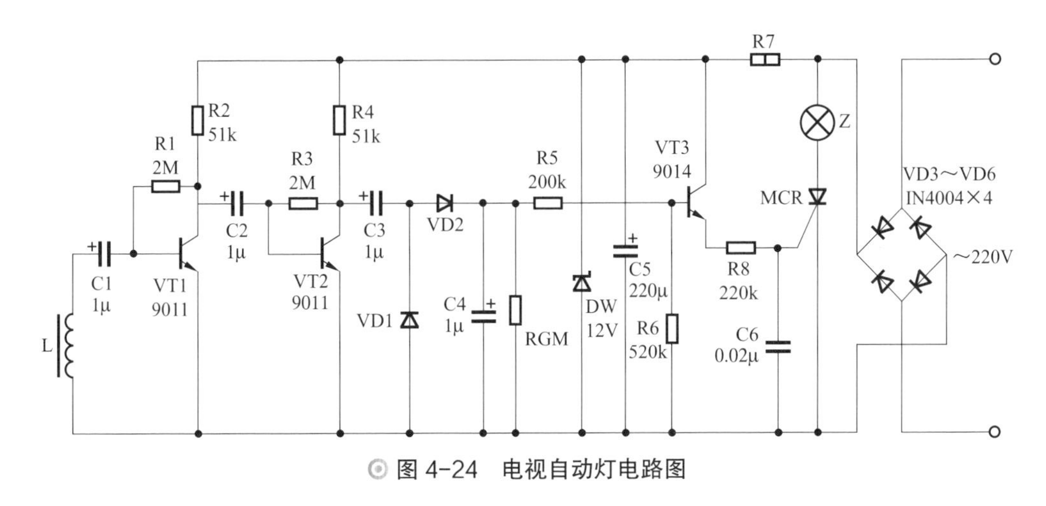

图 4-24 电视自动灯电路图

带铁芯的线圈 L 把变化的磁场转变为电信号，再通过 VT1、VT2 的二极电压负反馈放大器进行信号放大，并由 C3、VD1、VD2、C4 组成的倍压整流电路进行整流滤波后再到 VT3 的基极，使 VT3 等元件组成的简单电子开关导通。这样电源电压大部分加到 R8 和单向可控硅的控制极上，使可控硅触发导通，灯亮。如电视开着信号没有中断，那么灯就一直亮着；如电视关掉则信号中断，可控硅失去触发信号，灯灭。由 RGM 光敏电阻等元件组成的是光控电路。白天，光敏电阻受光照射呈低阻状态，信号衰减很大，电子开关不通。夜晚，光照射减少，光敏电阻呈高阻状态，信号大部分通过电子开关，使可控硅导通，灯亮。二极管 VD3 ～ VD6 对 220V 的交流电进行桥式整流，再由电阻 R7 降压，DW 稳压后为控制电路提供 12V 的稳定电压。

元件选择

线圈 L 的制作是：找一收音机的输出或输入变压器，尺寸如图 4-25 所示。

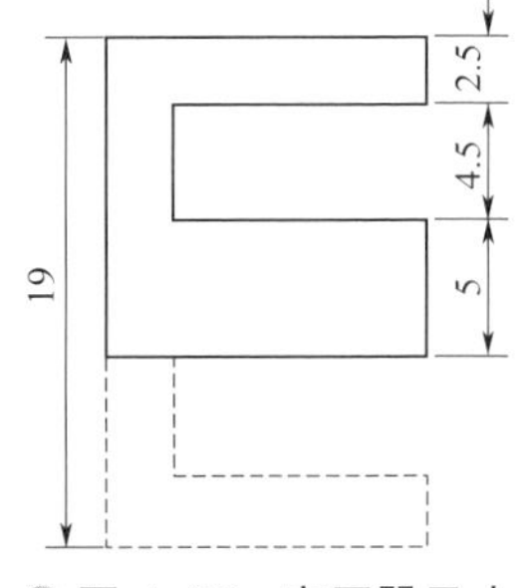

图 4-25 变压器尺寸

先把铁芯的一边用剪刀剪去，使铁芯呈 U 形，利用线圈原有的骨架用绕线机在上面用 0.1mm 的漆包线绕 2000 ～ 3000 匝。三极管 V 1、V2 使用 9011，β 值不要求太大，一般在 100 ～ 150 即可。如放大倍数太大，电路易引起自激。VD1、

VD2 使用 IN4148。光敏电阻 RGM 使用亮阻小于 3kΩ，暗阻大于 1MΩ 的电阻。VT3 使用 9014，β 要求大一些，一般为 200 ～ 250。单向可控硅使用 BT169D，不可使用触发电流太小的可控硅，以免电灯发生误亮。电解电容 C5 选用 16V 200μF。电阻 R7 要用 1W 100kΩ 的金属膜电阻。灯泡 Z 选用 10 ～ 15W。其他都为常用元件，无特殊要求。

制作与调试

先按图 4-26 制作好线路板。

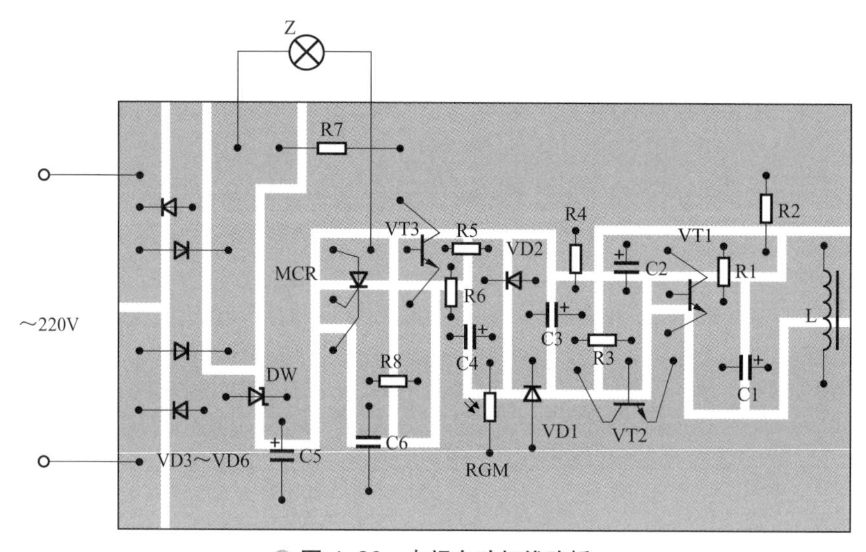

图 4-26　电视自动灯线路板

焊好元件，检查无误后接通电源。测稳压管 DW 两端的电压应为 12 ～ 13V。VT1、VT2 的集电极电压应为 6V 左右，如电压太高则说明有自激，可换用放大倍数较小的三极管。接下来用黑胶布把光敏电阻缠起来（3 ～ 4 层），用小螺丝刀在不接触金属部分的情况下触碰线圈 L 的上端，电灯应发光。如不发光可调大 R6 的阻值，直到电灯发光为止。再把线圈 L 的铁芯缺口靠在电视电源线上（只靠电源线中的一条），打开电视，电灯应发光，关掉电视，电灯熄灭。调试完后，再找一有白色玻璃外罩的台灯，将电路装入台灯内，设法使电视电源线靠在铁芯缺口上。光敏电阻可用绝缘导线引到室外固定好。为安全起见，要把光敏电阻放在药用玻璃小瓶内固定好。这样，电视自动灯即制作完毕。特别要注意该电路带电，制作、安装要注意安全，并且保证从线路板引出的导线绝缘良好。

第五章

智能家居中的神助手

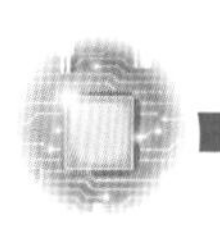

1 半导体冷热杯

本节介绍的冷热杯，采用半导体制冷制热的方法，对杯中的水进行制冷或制热，并且可以根据需要进行制冷或制热的选择。该冷热杯制冷温差可以达到10℃，制热温差可以达到20℃。电路采用最新设计的场效应管整流器，有工作效率高的特点。通过制作，可以得到一款在冬天和夏天均可使用的小电器。

工作原理

图5-1是半导体冷热杯工作原理图。

该电路主要由5部分组成。分别是变压器变压二极管整流电路、场效应管整流电路、整流脉冲控制电路、三倍压整流电路和制冷制热转换电路。

（1）变压器变压二极管整流电路

220V电压由变压器B变压后，有两组电压输出，分别是5V和9V，5V给制冷块使用，9V供散热风扇使用。9V电压由VD1半波整流C1滤波后，产生12V的电压供风扇使用。

（2）场效应管整流电路

基本电路如图5-2所示。它是通过场效应管的导通与截止工作的。当电压处于正半周时，上正下负。矩形脉冲加到场效应管V2、V4的G极。V2、V4导通，电流从V2的S极流入从D极流出，过负载RL，从V4的S极流入D极流出，形成回路。当电压处于负半周时，矩形脉冲加到V1、V3的G极，V1、V3导通，电流从V3的S极流入

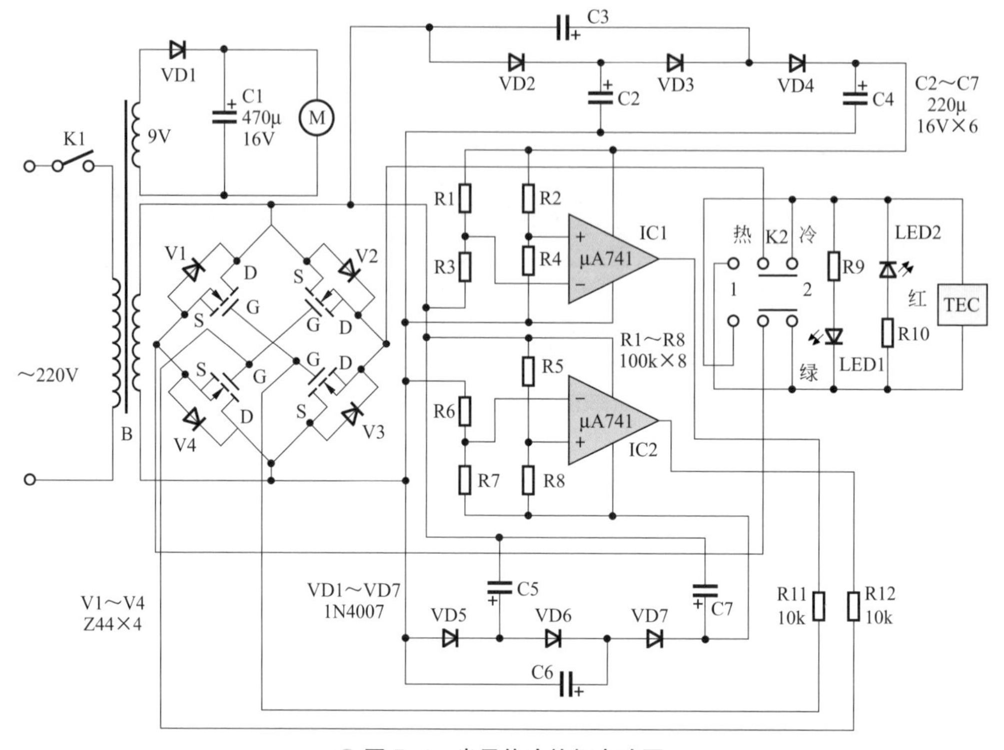

◎ 图 5-1　半导体冷热杯电路图

D 极流出，过负载 RL，再从 V1 的 S 极流入 D 极流出，形成回路（注意，此时不是场效应管内部二极管导通）。这样在负载上形成完整的全波电压。由于场效应管的导通电压很低，约 0.1V，因此大电流消耗的功率也很低，这正是我们采用这种电路的原因。但关键是要做到加在栅极上的脉冲电压与输入电压对应，也就是加在 V1、V3 和 V2、V4 上的脉冲宽度要尽可能一致，否则将出现短路的情况。

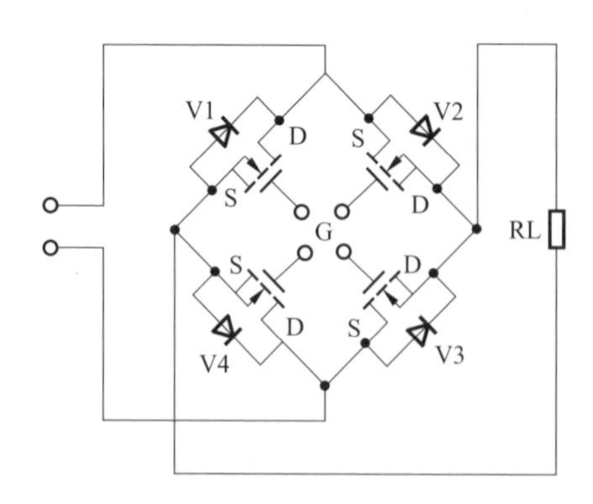

◎ 图 5-2　场效应管整流电路

（3）整流脉冲控制电路

基本电路如图 5-3 所示。IC1 为运算放大器 μA741。L 为变压器次级线圈。R1 ～ R4 为 4 只等阻值的 100kΩ 电阻，由于每只电阻的阻值总有一些不同，这样就能使 IC1 输出为高电平或低电平。当线圈 L 有电压输出时，IC1 反相输入端就会有大于或小于同相输入端的电压产生。这个电压为原来（静态）反相输入端电压与线圈 L 上电压代数之和。这样，输出端在输入电压为负半周时，输出一个脉冲。同样道理，IC2 也会输出一个脉冲，但由于线圈 L 接 IC1、IC2 电阻上的端头不同，产生脉冲时间也不相同。也就是 IC2 在线圈输入交流电压的正半周输出脉冲，IC1 在输入交流电压的负半周输出脉冲。输出这两个脉冲用于控制场效应管整流电路中的场效应管的栅极，使之完成全波整流。

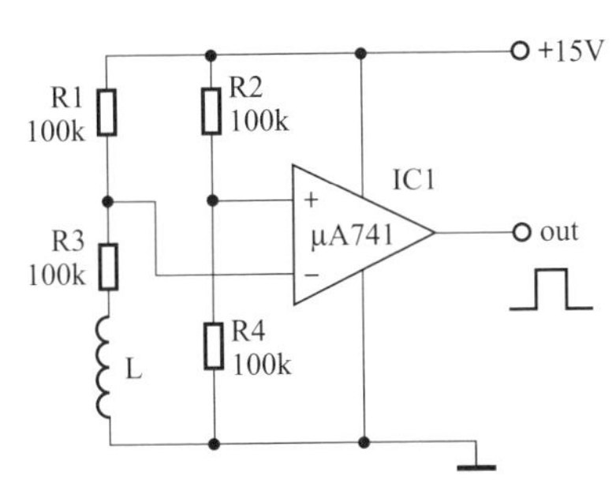

图 5-3 整流脉冲控制电路

（4）三倍压整流电路

这部分电路用于产生约 15V 的电压，供脉冲控制电路使用。工作时，正半周 VD2 导通，电压通过电路 C2 充电。负半周时，负半周电压加上 C2 上的电压，又通过 VD3 加到电容 C3 上，产生二倍电压。正半周电压再次到来时，正半周电压加上 C3 上的二倍电压，形成三倍压，通过二极管 VD4 加到电容 C4 上。这样，C4 上就有 15V 的电压。电路工作时，电容 C2 比 C4 充放电电流大，这点在制作中要注意。VD5 ～ VD7 和 C5 ～ C7 组成的另一个三倍压整流电路原理相同。

（5）制冷制热转换电路

它是通过开关来达到制冷制热的。K2 为双刀双掷钮子开关，K2 打到 1 时为制热状态，制冷块电压上负下正。当 K2 打到 2 时，制冷块电压变为上正下负，为制冷状态。制冷时，绿色指示灯 LED1 亮；制热时，红色指示灯 LED2 亮。

元件选择

变压器 B 用功率 15W 的型号。变压器的次级线圈要进行改制，拆去原来的次级线圈，用 ϕ0.32mm 的漆包线绕 9V 线圈，用 ϕ1.1mm 漆包线绕 5V 线圈。改制好的变压器如图 5-4 所示。

场效应管 V1 ～ V4 用 IRFZ44。运算放大器 IC1 和 IC2 用 μA741 或 LM741。二极管 VD1 ～ VD7 用 1N4007。K1 用 1×2 的小型钮子开关。K2 用额定电流 3A 以上的 2×2 钮子开关，如图 5-5 所示，这种开关在电工商店有售。

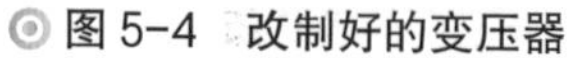

图 5-4　改制好的变压器

图 5-5　钮子开关

小型风扇 M 用电压 12V、大小 6cm×6cm 的电脑 CPU 风扇。制冷块 TEC 用 TEC-07105，6V 5A 的型号。发光管 LED1 和 LED2 用 ϕ3mm 的。

制作和调试

(1)电路板制作

根据图5-6制作一块大小为62mm×80mm的电路板，焊接完成的电路板如图5-7所示。

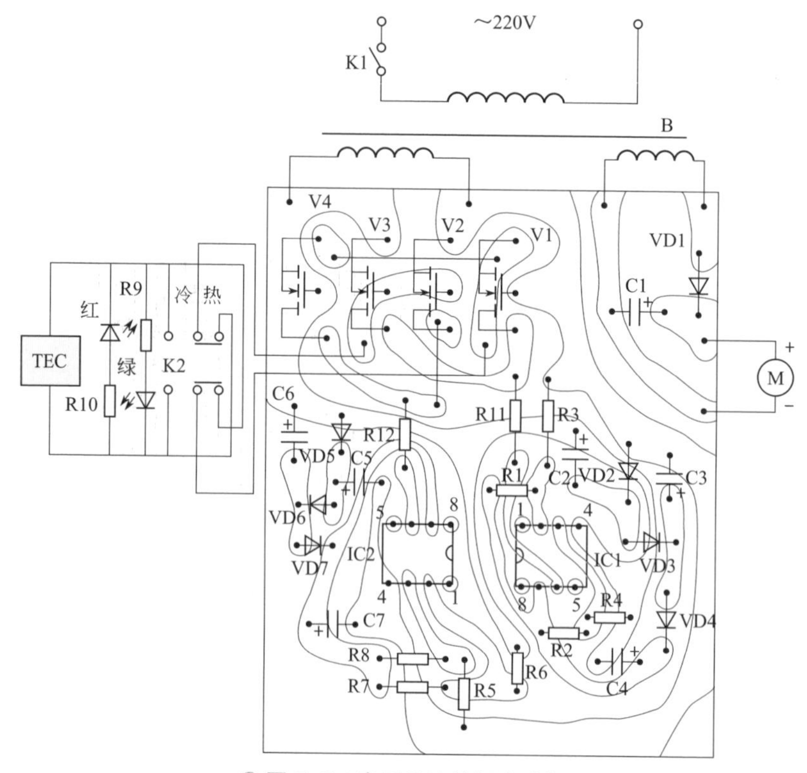

图 5-6　半导体冷热杯电路板

◎ 图 5-7　焊接完成的电路板示意图

完成电路板制作，元件焊接无误后，接上变压器 B，先用 100Ω 1W 电阻接原制冷块位置。接上电源，用示波器观察 IC1 和 IC2 的输出端波形，如图 5-8 所示。同时要求 IC1 和 IC2 的输出脉冲波形宽度要尽可能相等。如相差太大，可以调节电阻 R4 或 R8。正常后，再用示波器接场效应管整流电路输出端，可以看到全波整流后的完整波形如图 5-9 所示。如有问题再调整电阻 R4 和 R8 直到正常。然后拆去电阻接入制冷块（制冷块发热面要装散热片，否则易损坏制冷片）。用万用表测制冷块电流不小于 2.5A，10min 后用手摸场效应管表面应不发热，并且制冷块能制冷，说明电路工作正常。

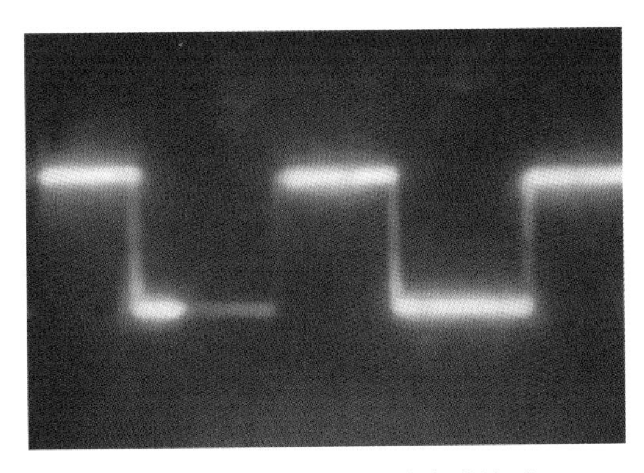

◎ 图 5-8　ICl 和 IC2 输出端波形

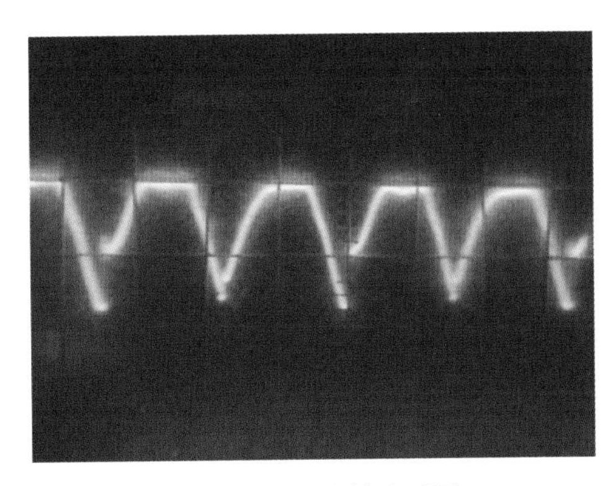

◎ 图 5-9　完整波形图

（2）制冷装置制作

找一边长为 6cm，高为 4cm 的长方体 CPU 铝散热器，用螺丝攻在散热器上方装制冷块位置的两侧，各钻出一个直径为 3mm 的固定螺钉孔。具体打孔方法：先用电钻钻出 2.8mm 的孔，再用 3mm 的螺丝攻攻出螺钉孔。把制冷块上下涂上导热硅脂后贴在铝散热器上，如图 5-10 所示。接着制作隔热片，剪一块大小和铝散热器一样，厚和制冷块一样的海绵，中间切去大小和制冷块一样的一块，如图 5-11 所示。并将隔热片放在散热器上，接着用厚 4mm 的铝板剪一直径为 62mm 的一块圆片作为制冷基座。如找不到 4mm 厚的铝板也可以用 2 块 2mm 厚的铝板叠合使用，但夹层要加入导热硅脂。然后用平头螺钉固定在散热器上。安装好的制冷装置如图 5-12 所示。

◎ 图 5-10　制冷块贴在铝散热器上

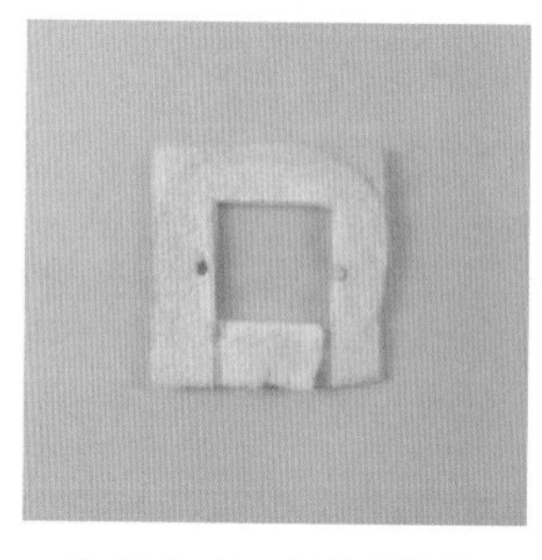

◎ 图 5-11　制作隔热片

◎ 图 5-12　安装好的制冷装置

（3）冷杯改制方法

买一只直径为 85mm，高为 80mm 的小保温杯（内为不锈钢内胆，外为塑料），如图 5-13 所示。用钢锯锯开底部，在不锈钢内胆夹层中装入耐热砂（可以用市售开水瓶速热器）来增加导热效果。装满耐热砂后再在底部装一块直径和制冷基座一样大小的密封铝板或锡板，锡板效果会更好一些。笔者使用的是锡板。为了使制冷杯不易移动，一般密封板安装要比杯子底座稍进去一些。制成后的杯子底部如图 5-14 所示。

◎ 图 5-13　保温杯

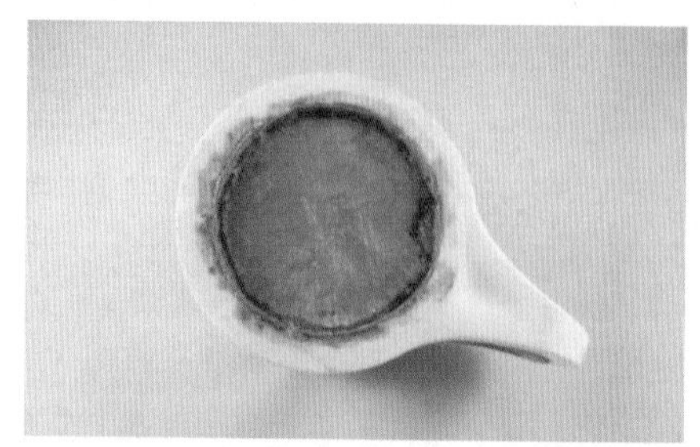

◎ 图 5-14　杯子底部示意图

最后将杯子放在制冷底座上试试，杯子和底座要能紧密贴合。然后，找一个长方形的塑料外壳，将变压器、电路板、制冷组件固定在塑料壳内。为了使风扇有更好的散热效果，必须在外壳上开一些小孔，并且将风扇反装，使风吹入散热器中。制冷杯的整体安装图如图 5-15 所示。外观如图 5-16 所示。

（4）制冷效果测试

在内直径 70mm 杯中装 5cm 高的水，制冷 1h，并用温度计测水的温度（这时要盖上盖子）。水的温度应比室温低 10℃左右。接着再进行制热实验。制冷杯制热 1h 后，用温度计测水的温度应比室温高 20℃左右。以上均达到要求，说明工作正常，符合要求。如出入较大，可能是杯子的传热效果较差，应改进杯子的传热效果。

图 5-15　保温杯整体安装图

图 5-16　保温杯外观图

2　数字电路厨房定时器

厨房定时器，这种电路大家可能有所听闻，但这类电路大都用模拟电路制成，而本节介绍的厨房定时器利用数字电路制成，有控制方便、指示直观的优点，并且能根据需要进行 6 个不同时间的设定，是厨房做饭菜的好助手。

工作原理

如图 5-17 所示。集成电路 IC2（CD4017）作为控制电路的主要元件。CD4017 是十进制计数器 / 脉冲分配器。当开关 K2 合到 1 时电路接通。这时，由于 R3 和 C1 的作用，就向 IC2 的 15 脚产生一个正的脉冲使电路复位，输出端 Q0 为高电平，其他输出端都为低电平。当按动开关 K1 时，光电耦合器 IC1 内的发光管导通发光，使内部三极管集射极导通，这样会给 IC2 的 14 脚（CP 端）一个正脉冲。每按动一次，输出一个脉冲（这里使用光电耦合器，目的是使脉冲产生得更加可靠，避免误触发）。当 CP 端不断得到脉冲后，IC2 的输出端高电平不断地移动，先是 Q0（3 脚）、然后是 Q1（2 脚）、Q2（4 脚）、Q3（7 脚）、Q4（10 脚）、Q5（1 脚），当 Q6（5 脚）为高电平时，它通过二极管 VD1 加到 15 脚复位端，使电路又回到初始状态——Q0 为高电平。

集成电路 IC4（7555）等元件组成一个定时电路。定时时间的长短决定于 6 脚、2 脚电容上触发电压到来的快慢。而这个触发电压到来的快慢又决定于 RC 时间常数。由于电容固定，这样就决定于定时电阻。这里设定定时时间为 3min、5min、10min、15min、20min、30min，相应的电阻为 290kΩ、510kΩ、1.5MΩ、2MΩ 和 3MΩ。而电路电容 C2 不变，为 220μF。开始时，C2 上的电压较小，即 6 脚、2 脚电压小于所设定的触发电压。IC3 的输出端 3 脚输出高电平。蜂鸣器 HA 得不到电压不发声。当达到定时时间时，6 脚、2 脚达到触发电压，3 脚为低电平，HA 发声报警。由于电路工作电压在 3 ～ 4.5V 范围，比较低，这里不使用双极型 555 集成电路，而是使用 CMOS 型 7555 集成电路。为了能使

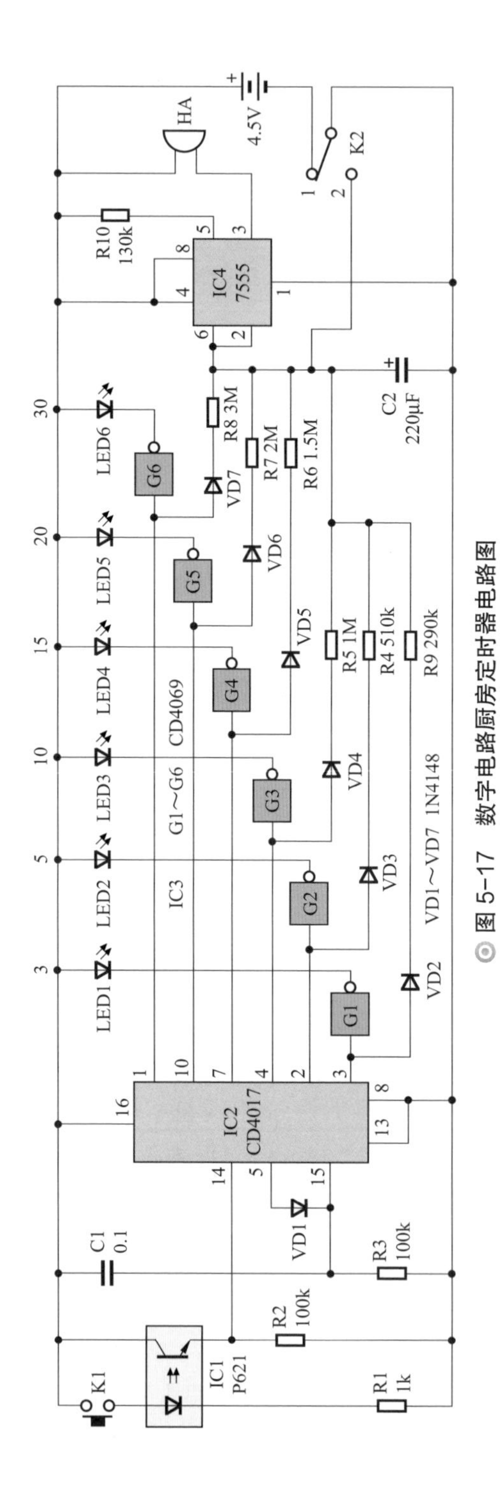

图 5-17 数字电路厨房定时器电路图

较小的电容产生较长的定时时间，在IC4的5脚接一只电阻，这样就提高了触发电压，使定时时间更长，同时保证电源电压降低后定时时间不会发生变化。当定时时间结束后，开关K2合向2，将电容C2上的电压放掉，为下次定时做好准备，同时切断电源。二极管VD2～VD7的作用是为了电路定时的时候，避免通过定时电阻加到C2上的电压通过其他定时电阻放掉。

集成电路IC3（CD4069）组成定时指示电路。当Q0为高电平时，非门G1输出为低电平。LED1发亮，表示定时时间为3min。当Q1为高电平时，非门G2输出端为低电平，LED2发光，表示定时时间为5min。其他定时指示情况相似。

元件选择

集成电路IC1使用4脚光电耦合器P621。IC2使用CD4017或MC14017。IC3使用六反相器CD4069。IC4使用CMOS型时基电路7555。开关K1用轻触按钮开关。开关K2用2×2的拨动开关。发光管LED1～LED6用直径3mm的红色发光管。HA用1.5～12V的有源讯响器。电容C2用220μF的电解电容，要求漏电电流要小。电池盒使用3节5号扁平型。二极管VD1～VD7全部使用1N4148。

制作与调试

根据图5-18制作一个电路板。可以看出讯响器安装在最上方。发光管LED1～LED6一字排列，从左到右为LED1，LED2，…，LED6。拨动开关和按钮开关是安装在

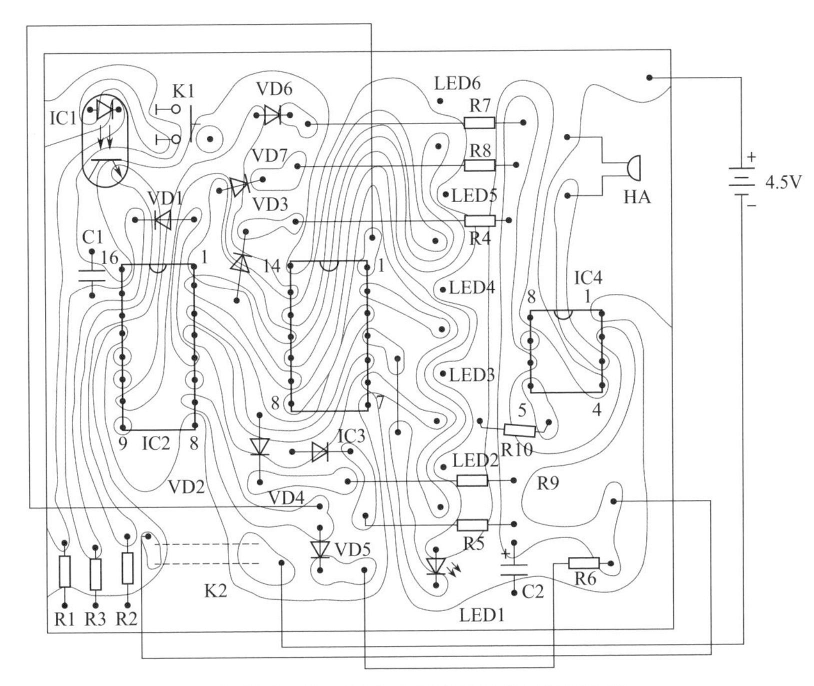

图5-18　数字电路厨房定时器电路板

电路板靠下方的左右两侧。除IC1外其他集成电路装在电路板中间。由于线路较多，可以考虑采用跨线和在集成电路中采用底部穿线的方式。图5-19是安装好元件的电路板。

再找一只塑料盒，使电路板和电池盒刚好能装入，笔者这里使用的是手机配件塑料盒，当然也可以用网上购买的大小合适的盒子。

元件完成安装后，检查是否焊错。然后通电，把开关K2合到1，发光管LED1应能发光。然后按动K1，LED1～LED6发光管要依次发光，否则应再次检查电路。一切正常后，试验定时电阻R4～R9是否符合定时要求，一般电容C2漏电电流较小时，无须再调电阻即能正常。电阻中只有R9用两只电阻串联取得，其他都用单只电阻即可。该电路定时时间误差较小，满足厨房定时要求。如：3min定时误差不超过10s，30min定时误差不超过30s。

电路板调试正常后，把电路板和电池盒装入盒子中，要求在盒子上开6只放置发光管的孔，K1、K2的两个孔和HA的发声孔。拨动开关和按钮开关可以直接焊在电路板上。

制成的定时器外形如图5-20所示。

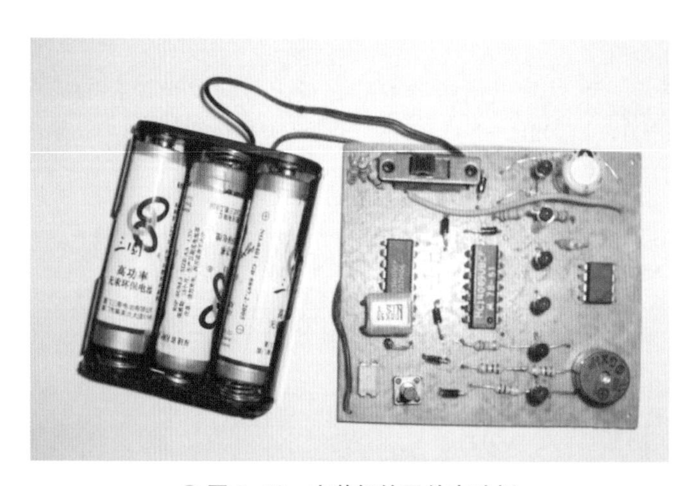

图5-19　安装好的元件电路板

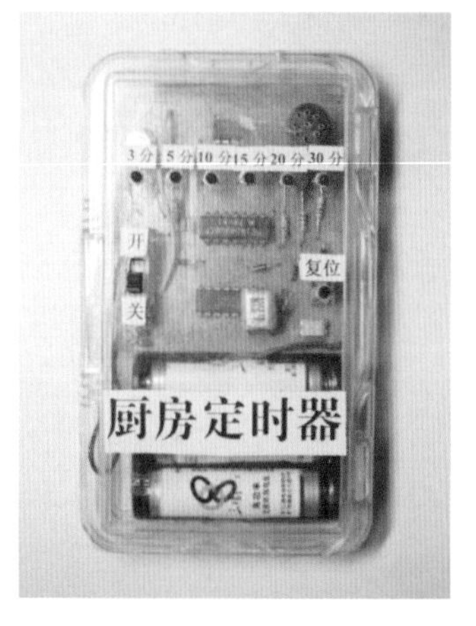

图5-20　定时器外形图

3　半导体冷热座椅

通常，我们在夏天都希望使用凉的座椅，于是有了竹座椅及其他各种凉坐垫，但它们的凉爽度比较弱。本节介绍的利用半导体制冷块做的冷热座椅，由于吸热量大，人坐在椅子上会有长时间凉爽的感觉。冬天，还可以作为热座椅使用。

工作原理

该制作的核心元件是半导体制冷块。当电流通过半导体制冷块时，会使制冷块一面变热，一面变冷，并且，冷热的程度决定于电流的大小和电压的高低以及散热条件等。只要改变电流方向，就能使原来热的一面变冷，冷的一面变热。半导体冷热座椅制冷块使用的型号为TEC1-07105。工作电压最大为6V，电流最大可以达到5A。它的外形尺寸为30mm×30mm×4.2mm，重量为12.5g，不超过火柴盒的大小如图5-21所示。

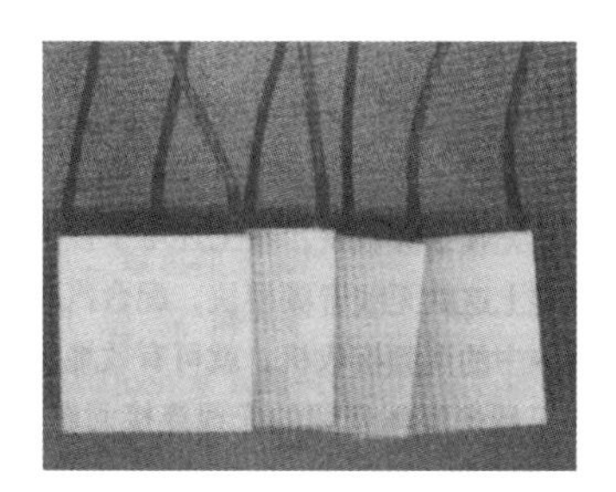

图5-21 制冷块外形

电路原理图如图5-22所示。220V的电压经过变压器T降为12V，再经过三极管VD1～VD4和电容C1的滤波后，产生约10V的电压，这10V的电压一路输送到制冷块散热风扇电机M。另一路通过可调式稳压集成块LM317进行稳压。由于LM317输出的电流最大为1.5A，达不到3A的设计要求，故在稳压块上接大功率三极管VT进行扩流。由于稳压块的输出端接有二极管VD5和VD6，当它们有电流通过时，自身会产生约1.4V的电压，而这个电压减去R3上的电压，得到的发射结电压，使三极管导通。输出电流越大，VD5和VD6上电压越大（增大很小），三极管VT发射结电压也越大，从而通过三极管集电极电流就更大。这样就使得大部分电流从三极管流过，减小了通过稳压块的电流。电阻R3用于过流保护。当通过三极管的电流超过3A时，三极管发射结电压会变小，从而限制了输出电流，三极管得到保护。另外，调整微调电阻RP可以使通过制冷块E的电流在1～3A范围变化。

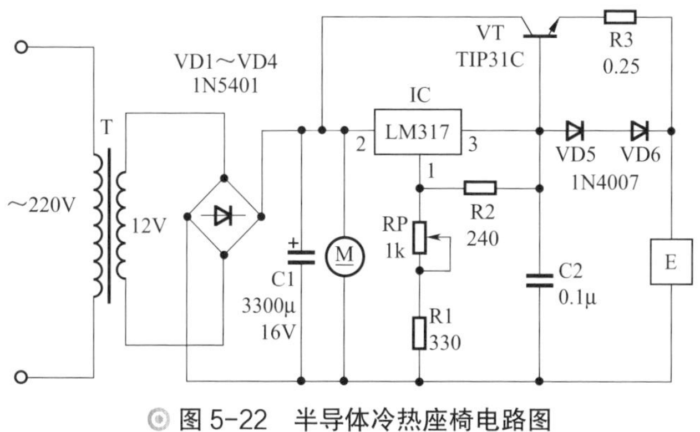

图5-22 半导体冷热座椅电路图

元件选择

半导体制冷块 E 使用型号为 TEC1-07105，也可以使用 TEC1-07103。可调式稳压集成块 IC 用正电压输出，型号为 LM317。三极管 VT 用型号为 TIP31C 的塑封大功率三极管。变压器 T 用功率为 25 ～ 30W 单输出 12V 的型号，也可以用功率相同的变压器进行改制，但要求次级漆包线直径不小于 1.0mm。二极管 VD1 ～ VD4 选用电流 3A 的 1N5401 型号。VD5 和 VD6 用 1A 的 1N4007 的型号。制冷块散热风扇用 12V 0.1A，8cm×8cm 的电脑 CPU 风扇。电阻 R3 用 0.25Ω 的水泥电阻。三极管和制冷块散热片都用 7cm×7cm 的多棱散热片。稳压块散热片用 4cm×3cm 的多棱散热片。滤波电容 C1 用 3300μF 16V 的电解电容。

制作与调试

制作时，先找一张比较结实的木椅或铁架椅，去掉座板，找一块厚度约 4mm 的（厚度大便于传热）、大小和座板相同的铁板，在四角钻孔后用木螺钉固定在木椅上。按图 5-23 的结构图将制冷块双面涂上导热硅胶后，贴在铁板下的中间位置。

为了能固定住散热片，在制冷块两侧用万能胶固定两块 1cm×1cm 且厚度和制冷块相同的塑料片。然后，用自攻螺钉将散热片固定在制冷块的下方。最后，用万能胶将散热风扇固定在散热片的下方（见图 5-24）。

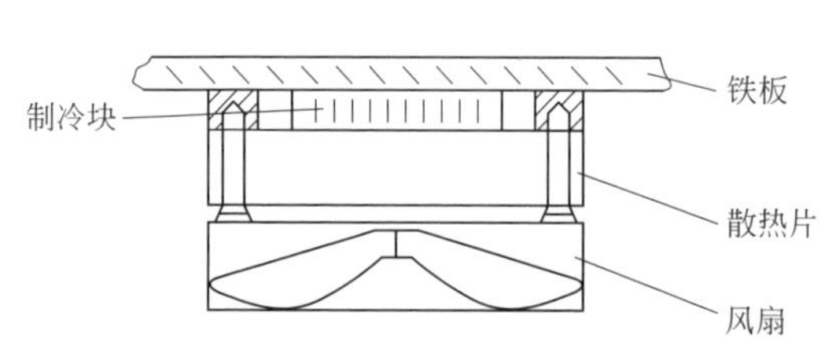

图 5-23　半导体冷热座椅结构图

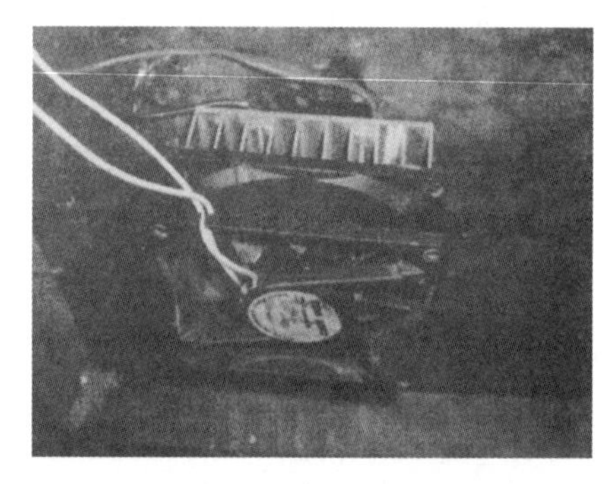
图 5-24　散热风扇固定的位置

为了能使座板面干净整洁，可以找一块薄一些有韧性的塑料革，把万能胶涂在座板的背面，将塑料革固定在座板上面。再根据图 5-25 制作一块电路板，三极管和稳压块的引脚排列如图 5-26 所示。

要求两块散热片要分开。元件安装无误后，根据各自的电压将输出线接风扇和制冷块。通电后，调 RP 使制冷块电压在 2V 到 5.5V 之间变化。用手接触座板中间应感到冰凉，并且风扇要向外吹出热风，说明工作正常。如不冰凉反而发热，应该把制冷块的正负极换过来再进行调整。然后，调 RP 使座板凉度合适。最后将变压器和电路板装在塑料盒内（要求塑料盒要多开一些孔散热），并固定在座椅的下方或后侧。这样，一张冷热座椅即制作完成。完成后的冷热座椅如图 5-27 所示。

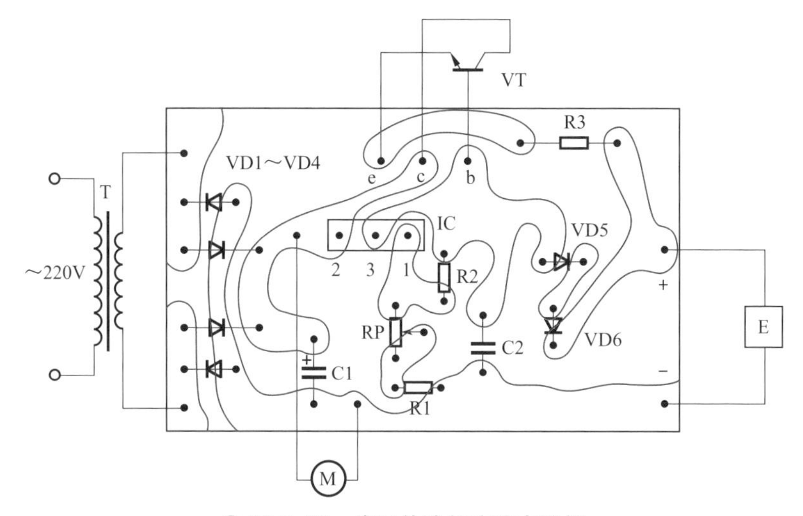

◎ 图 5-25　半导体冷热座椅电路板

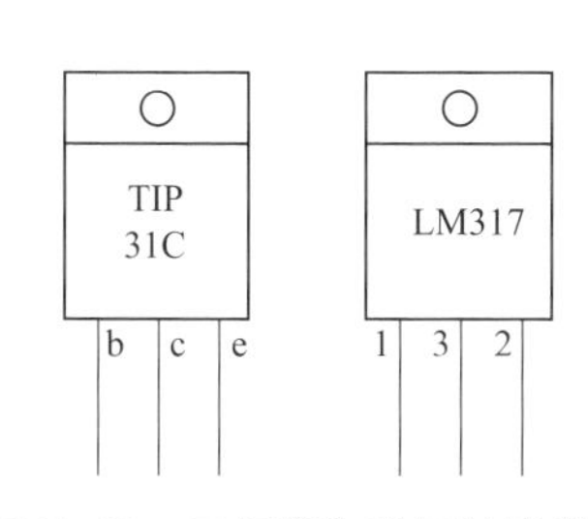

◎ 图 5-26　三极管和稳压块引脚排列

◎ 图 5-27　制作完成的冷热座椅

4 蚊香燃尽提醒器

夏天驱蚊要用蚊香，但是用蚊香时经常发生一片蚊香不够用或蚊香不小心被折断的情况，这样点燃的蚊香，达不到一整夜的驱蚊效果。本节介绍的提醒器能使蚊香点完时发出音乐声，提醒人起床再点一片蚊香，而且它能控制白天不发出音乐声。

工作原理

原理图如图 5-28 所示。运算集成块 μA741 等元件组成电压比较器电路。Rt 是固定在蚊香支架上的热敏电阻，当蚊香未燃尽时，热敏电阻的阻值较大，使 IC1 输入端电压 $u_{+} > u_{-}$，输出高电平，三极管 VT2 截止，音乐片 IC2 不工作。当快燃尽时，热敏电阻

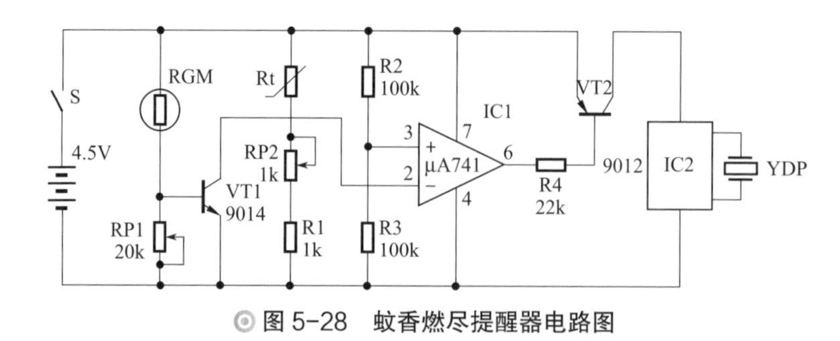

图 5-28　蚊香燃尽提醒器电路图

阻值变小，使 IC1 的输入 $u_+ < u_-$，输出为低电平，三极管 VT2 导通，音乐片 IC2 工作，发出音乐声。VT1 等元件组成光控电路。天亮后，光敏电阻 RGM 的阻值变小，三极管 VT1 导通，三极管电阻变小使 IC1 输入端 $u_+ > u_-$，输出端始终为高电平，音乐片 IC2 不工作。

元件选择

集成电路 IC1 为 μA741 或 LM741 型集成块。IC2 为 3V 贺卡片内的音乐片。三极管 VT1 为 9014，β 为 200 ～ 250。三极管 VT2 为 9012，β 为 150 ～ 200。要求穿透电流要小，以便电路能正常工作。光敏电阻 RGM 的亮阻应小于 3kΩ，暗阻大于 1MΩ。热敏电阻为 3kΩ。蜂鸣片为 ϕ27mm 并带有共振腔的型号。开关 S 为 1×2 拨动开关。电池用三节 5 号电池盒。微调电阻 RP1 和 RP2 选用立式 20kΩ 和 1kΩ。

制作与调试

先把热敏电阻设法固定在蚊香盒支架中间的铁片上，并用导线和电路板连接。为了排除热辐射对热敏电阻的干扰，应在蚊香盒内引线上方，用较厚铜片焊一隔热层（连同热敏电阻外层），线路板如图 5-29 所示。

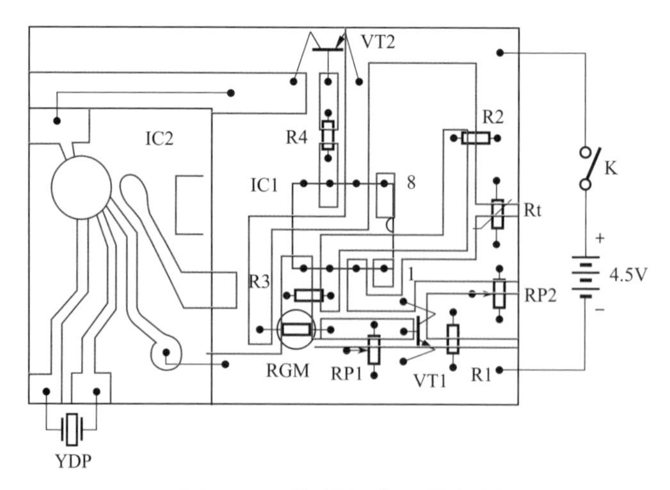

图 5-29　蚊香燃尽提醒器电路板

安装无误后，先调微调电阻 RP2 使音乐片在蚊香快燃尽时，音乐片发出声音。再调 RP1 在天亮时音乐声消失。调试完将电池和线路板装入塑料盒内，固定在蚊香盒的下方。该提醒器的外观样式如图 5-30 所示。

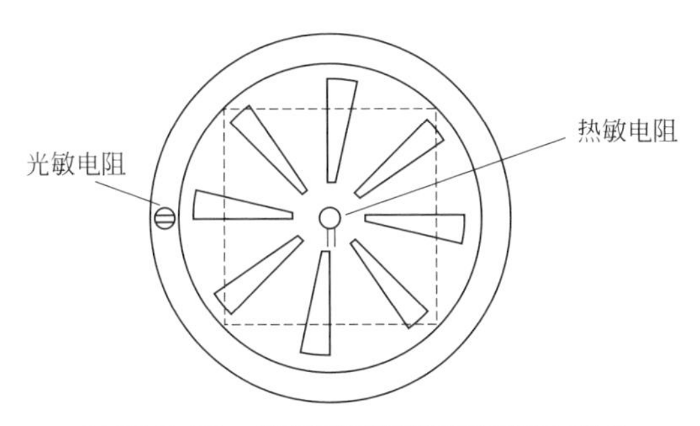

图 5-30 蚊香燃尽提醒器外观示意图

5 午休定时器

很多人都有中午午休的习惯，对于上班族来说，想午休又怕超时，这就需要一个提醒装置，而本节介绍的午休定时器就能满足这一要求。它的最长定时时间可以达到 3h，从 10min 定时到 3h 定时，每隔 10min 一挡，共 18 挡。

工作原理

如图 5-31 所示，午休定时器采用了 89C2051 单片机做主要元件，软件使用汇编语言。引脚 P1.0 ～ P1.7 作为定时时间显示的输出引脚。当其中的引脚为低电平时，相应的发光管发光。发光管排列情况可参看后面的外观图 5-33。10 ～ 60min 区间，只有单只发光管发光，而 1h 10min 到 1h 50min 是两只发光管组合发光。然后，2h 由单只发光管发光，2h 10min 到 2h 50min 由两只发光管组合发光。最后 3h 也由单只发光管发光。开关 S1 是用来进行时间设定的。如果一轮时间设定过后（18 次），再按 S1 则发光管全灭，说明单片机进入初始阶段，接着再按又是新一轮的开始。当设定完毕，再按一下 S2 进入定时工作状态。需要注意的是：当所有的发光管都不亮时，按下 S2 则不会定时。发光管 LED1 是用来显示定时开始的，只有按下 S2，LED1 才会亮。当定时时间到时，LED1 会闪烁，并且 P3.7 引脚输出脉冲信号，使蜂鸣器 HD 发出“嘀嘀”的提示叫声。

电阻 R1 和 C1 组成单片机复位电路，开机有效。89C2051 单片机工作电压为 2.7 ～ 6V，这里取 4.5V，即用三节 5 号电池供电。

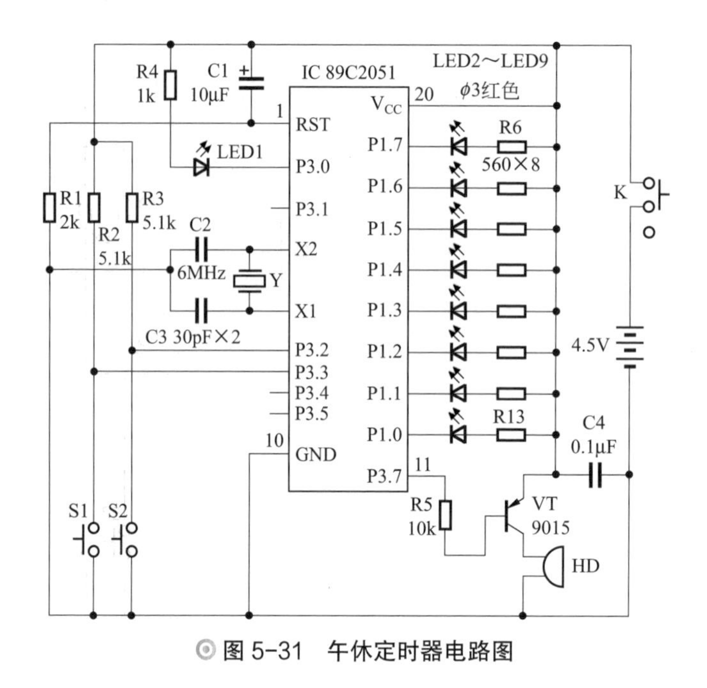

◎ 图 5-31　午休定时器电路图

软件分析

午休定时器的汇编程序在附录。

由于时间采用发光管的组合进行显示，故采用了查表程序。当然，该查表程序并不复杂，有 19 项内容。而其中一项为 FFH，即发光管全灭。程序使用了定时器 0 作为计数脉冲的计数，并采用了方式 2（有自动再装入功能）。为了达到按动微动开关 S1 时不误动作，这里采用了软件去抖程序，计数脉冲由 P3.3 引脚产生的，但真正作为计数脉冲的并不是由 P3.3 引脚产生的。它是经过两个 NOP 指令由 P3.4 引脚产生。最后，定时开始的确定脉冲由 P3.2 脚产生。这个不需要加去抖程序。因为一经确定，单片机就进入了定时程序，后面高低电平的变化（微动开关 S2 产生的）不会影响定时程序的工作。

定时程序中，同样使用了定时器。不过是定时器 1 方式 1 进行定时。它制定 100ms 为一个定时单位，并进行三重循环工作。如 10min 则循环 6000 次，程序中使用中断，即定时器时间已到，会向 CPU 提出中断请求，进入相应的程序。另外，程序中使用了 DELAY 和 DELAY1 两个延时程序。

硬件制作

找一块 65mm×70mm 的覆铜板，按图 5-32 制作好电路板，要求 9 只发光管装在板的上面，单片机芯片装在中间，拨动开关和蜂鸣器装两边，下面装两个微动开关和晶振。先用编程器将程序写入单片机。焊接完成，检查无误，接上 4.5V 电源，按设定开关 S1 则设置为 10min 的发光管应首先发光，再按确定开关 S2，指示发光管 LED1 应能发光。如不正常应检查电路是否漏接误接，找出问题纠正。然后试一试定时时间是否正常。由于有 18 挡，不可能一一试验，可以对 10min、30min、1h、2h 和 3h 这几个主要的挡进行试验。如程序写入正确、接线无误，一般不会有什么问题。

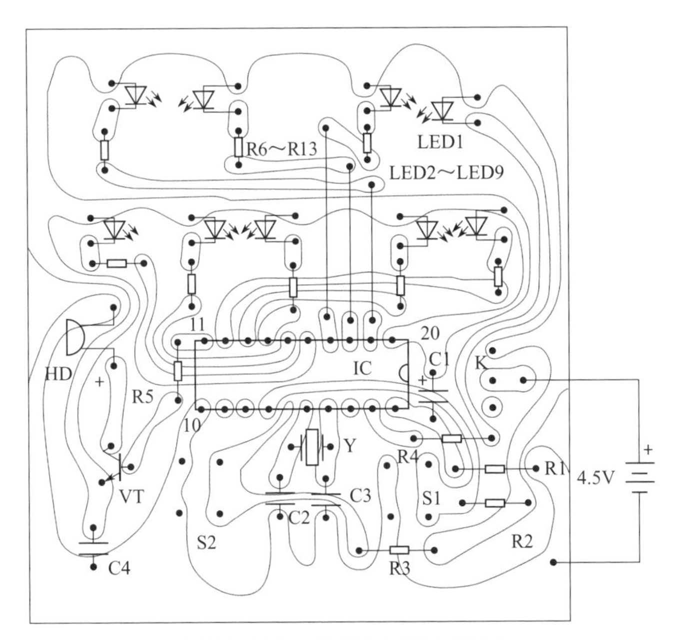

图 5-32　午休定时器电路板

做好的午休定时器电路板如图 5-33 所示，最后，把制作好的电路板和电池装入塑料壳中，可以使用装手机电池的塑料壳作为外壳。塑料外壳要打一些小孔以便发光管和开关能露出。并且蜂鸣器上面外壳部位要开一些小孔让声音传出，这样午休定时器即制

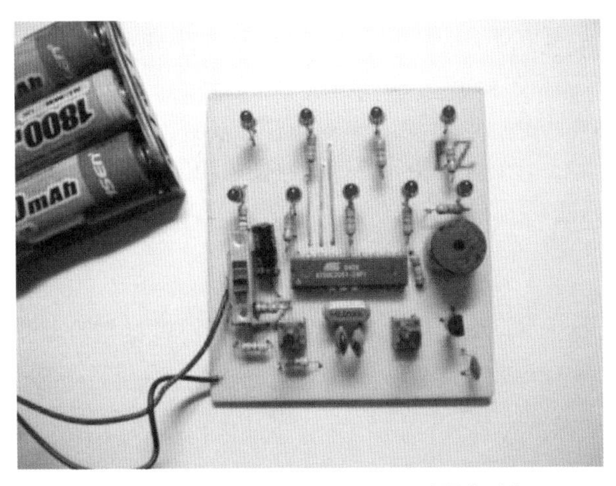

图 5-33　制作完成的午休定时器电路板

作成功。定时器设置 3 小时模式下，误差不大于 3min，电流约 8mA。

6 电子防盗鞋踏板

现在很多人家中干净整洁，常要在门口脱鞋，但一不小心鞋又常被人盗走。本节介绍的防盗鞋踏板可以在人拿走鞋时发出报警声音告知主人。

工作原理

如图 5-34 所示。

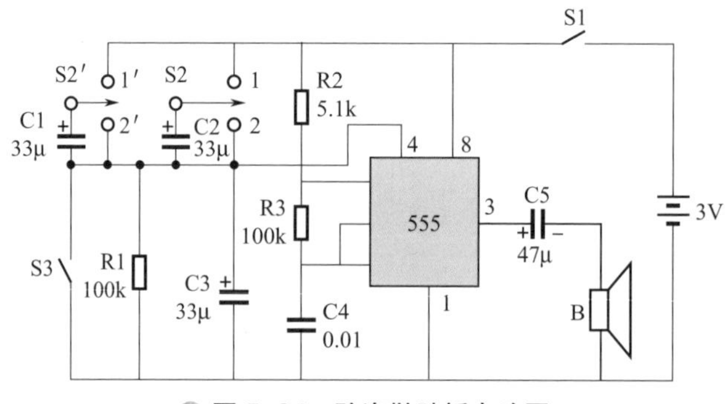

图 5-34 防盗鞋踏板电路图

由 NE555 时基电路组成多谐振荡器，3 脚输出，推动扬声器发声。复位端 4 脚加接了延时电路，由电容 C1、C2、R1、C3 组成。当主人从门口把鞋放在指定的地方时，S2 和 S2′ 分别合向 2 和 2′，电容 C1、C2 放电，进入等待触发状态。当有人把鞋拿走时，开关 S2、S2′ 分别合向 1 和 1′，电源对 C1 和 C2 同时充电，使振荡器振荡并发出报警声音，之后约十几秒 C2 对 R1 放电到低电平，随后停振。为了不使主人进出时触发电路，加装了开关 S3。它装在门框上，门开接通 4 脚为低电平，故电路不振荡。当门关上后 K3 断开，电路处在正常的工作状态。

元件选择

集成电路用 NE555 或 LM555。扬声器 B 用 8Ω 0.5W 的型号。C5 用 47μF 10V 的电解电容。电池用 5 号干电池两节。S1 用 2×2 的拨动开关。S2、S3 自制。

制作与调试

制作时，先按图 5-35 制作好电路板。

元件无特别要求。这里着重介绍开关 S2、S3 和踏板的制作。

将铜片制成长 75mm 宽 10mm 的 4 片、长 85mm 宽 10mm 的 2 片，另一端要装上活动螺钉。制好的铜片最好焊上银触点，再用胶木板制作 8 只垫片，S2 装配方法见图 5-36。

按图 5-37 制作踏板。方法是：取长 650mm，宽 320mm 的木板两块，在其中一块四周钉上 15mm 厚的框架，另一块做面板。先在面板上钻 2 个装螺钉的孔，再钻两个稍大的约 6mm 孔用于穿过活动螺钉，再固定好 2 只接触开关 S2。调整中间铜片，使活动螺钉和鞋底接触时，触点和下方铜片接触，拿走鞋后和上端铜片接触，再焊上接触电容和接线。S3 是按图 5-38 用铜片折成。把它钉在门框上端靠门转动的一边。同时，把安装好的线路板、扬声器和开关 S1 装在一盒子中接好线即能正常工作。

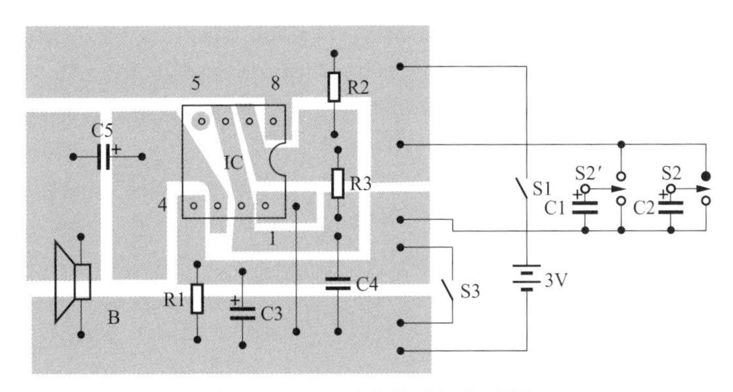

图 5-35 防盗鞋踏板电路板

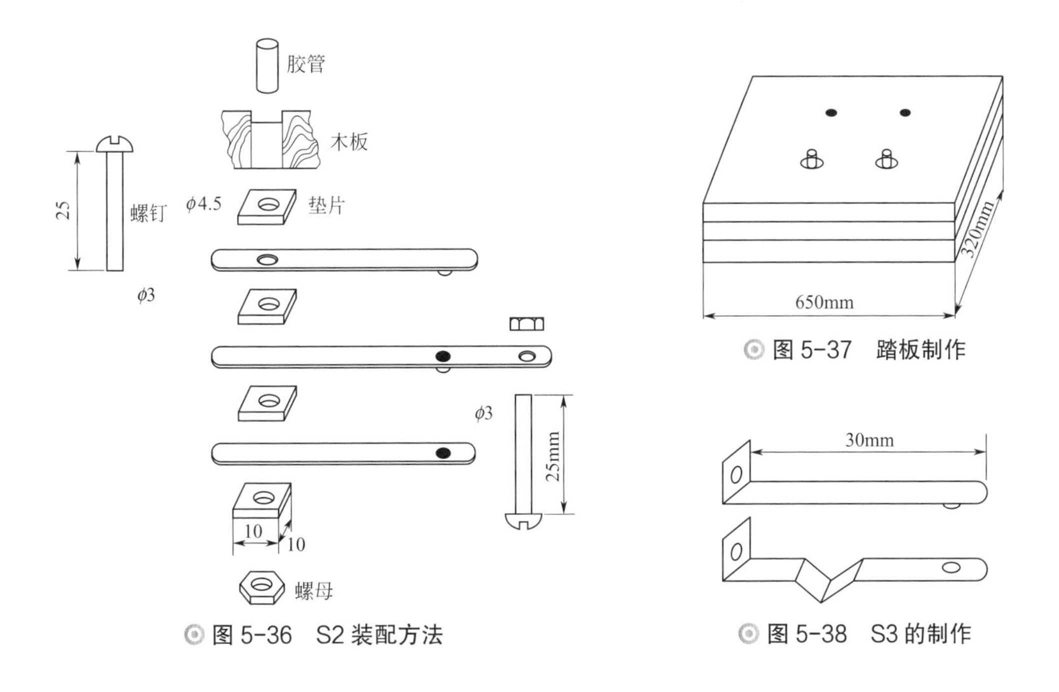

图 5-36 S2 装配方法

图 5-37 踏板制作

图 5-38 S3 的制作

7 热水加热自动报警器

市面上有一种加热水的加热器，这种加热器可以直接放入水中加热水。但由于没有温度报警装置，不清楚什么时候水已加热好，这给使用者带来不便。本节介绍的热水加热自动报警器能使水达到需要的温度并报警，还可以任意调节报警的温度。

工作原理

如图 5-39 所示。

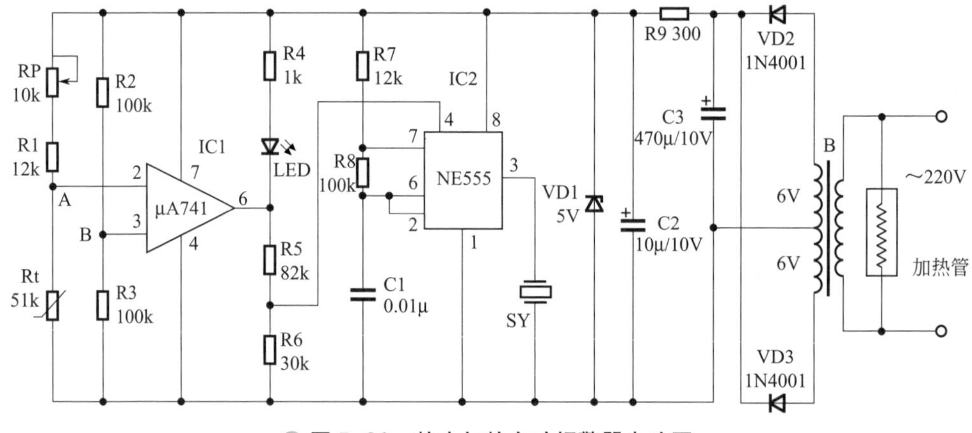

◎ 图 5-39　热水加热自动报警器电路图

220V 的市电一路直接接加热管，另一路通过变压器 B 把 220V 电压变为双 6V 的电压，经二极管 VD2 和 VD3 的整流，C3 的滤波后，再经稳压管 VD1 的稳压输出 5V 稳定电压。

IC1 等元件组成热水温度检测电路。如要把水加热到 60℃报警，可以调节电位器 RP 到一定的阻值（温度值和阻值相对应），并把热敏电阻和加热管一同放入水中，当加热管把水加热到 60℃的时候，IC1 的 A 点电压低于 B 点电压，IC1 的输出端为高电平，原加热时亮着的 LED 管灭。

由时基电路 IC2 等元件组成多谐振荡报警电路。振荡频率约为 1kHz。由于 IC2 的第 4 脚为复位端，在加热水时，IC1 输出的是低电平，复位端 4 脚是通过 R5 连接到 IC1 的输出端，故也为低电平，报警器不工作。当达到设定温度时，IC1 输出高电平，也就是 IC2 的复位端为高电平，报警电路工作，由 3 脚输出高低变化的电平，使压电片 SY 发声。

元件选择

加热管可以选用市售 800 ～ 1000W 的。热敏电阻 Rt 选用 51kΩ 负温热敏电阻。集成电路 IC1 选用单运放 μA741。发光管 LED 选用 ϕ3mm 的，电位器 RP 选用 10kΩ 不带开关的碳膜电位器。IC2 选用时基电路 NE555 或 LM555。稳压管 VD1 选用 1W 5V 的型号。电阻 R9 选用 1W 300Ω 的碳膜电阻。变压器选用双 6V 3W。压电片 SY 选用 ϕ27mm 带谐振腔的类型。其他元件无特殊要求。

制作和调试

先把加热管小心地弯成图 5-40 的形状，以便能放入装水的容器中，如脸盆等。将热敏电阻焊好引线并套上绝缘管，用铝片和螺钉固定在图 5-40 所示的位置上（两条加热管之间），按图 5-41 制作电路板。

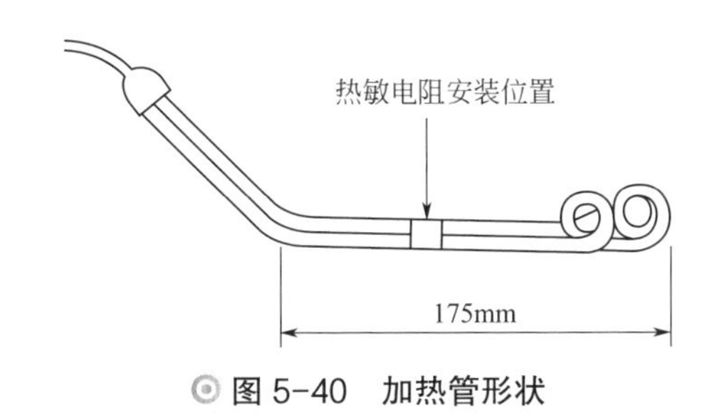

图 5-40　加热管形状

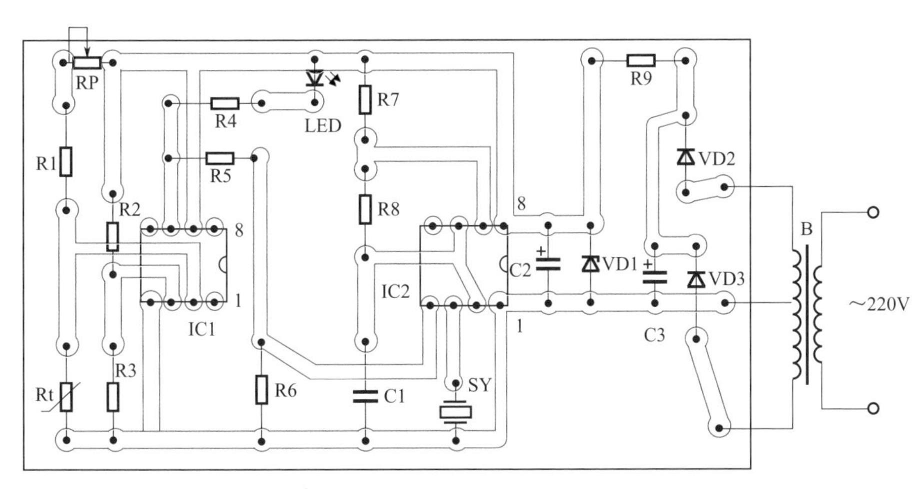

图 5-41　热水加热自动报警器

元件焊接无误后，通电测稳压管 VD1 两端电压应为 5V，然后用热水进行试验。把加热管放入水中，加热到一定温度，调节电位器 RP 使压电片发声报警，说明电路正常。然后把电路板和变压器装入塑料外壳内，把电位器 RP 和发光管装在外壳的面板上。用温度计配合电位器 RP，调出对应电位器的温度报警位置，并把温度值标在外壳面板上，如 40℃、50℃、60℃、70℃等。这样热水加热报警器即制作完成。

使用该报警器时，为安全起见不要把手放入水中。

8 激光遥控开关

本节介绍的遥控开关是用激光笔作为遥控器，能对各种家用电器进行遥控。如电灯、电视和电风扇等。特别是对电视的遥控，由于静态不耗电，使用者可以完全省去手动开关机的麻烦。晚上看完电视时，只要按动该遥控器关机，就可放心进入梦乡，不必起床关闭电视了。

工作原理

遥控开关的发射部分是市售的激光笔。我们先来了解一下它的构造。打开激光笔，你会看到内部有一只红光激光二极管，还有一只 56Ω 的贴片电阻与其串接。在激光二极管的外层嵌着一个铜套，用于散热。在铜套的前端有一只小小的凸透镜，用于把激光会聚成一束平行光照射到前方。激光笔使用三粒纽扣电池，工作时耗电电流约 15mA。

激光遥控开关的接收部分电路图如图 5-42 所示。

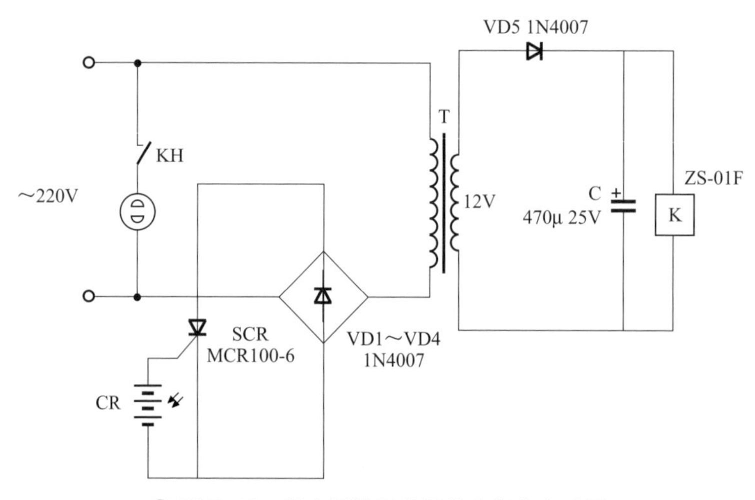

图 5-42　激光遥控开关的接收部分电路图

220V 的交流电源通过变压器 T，再通过二极管 VD1 ～ VD4 进行桥式整流，变为脉动直流电，加到单向可控硅 SCR 的阳极和阴极上。可控硅的触发方法是用两只硅光电池串联接在控制极和阴极之间。这是由于每只硅光电池的电压一般不大于 0.4V，不能使可控硅导通，必须用两只串联电压达到 0.7V 以上才可以。这样当激光笔射来的激光束照到光电池上时，就可以使可控硅导通，变压器 T 工作，在变压器 T 次级产生 12V 的交流电压，再经二极管 VD5 整流电容 C 滤波后加到自锁继电器 K 上，使继电器动作触点 KH 接通或断开，达到了电器开或关的作用。

元件选择

可控硅 SCR 用 MCR100-6 或 MCR100-8。二极管 VD1 ～ VD5 用 1N4007。变压器 T 用 3W 12V 或 3W 双 6V。电容 C 用 470μF 25V 的电解电容。继电器 K 用 12V 型号为 ZS-01F 的自锁继电器。硅光电池用 ϕ6mm 的硅光电池。激光笔用 630 ～ 680nm 50mw 的型号。

制作与调试

制作时，要先对硅光电池进行加工，使激光束能照到两只光电池上。方法是把硅光电池的一侧用砂轮磨去一些，如图 5-43（a）所示。然后将磨过的两只硅光电池按一定的角度排列并用胶加固后，用导线串联好，如图 5-43（b）所示。线路板图如图 5-44 所示。

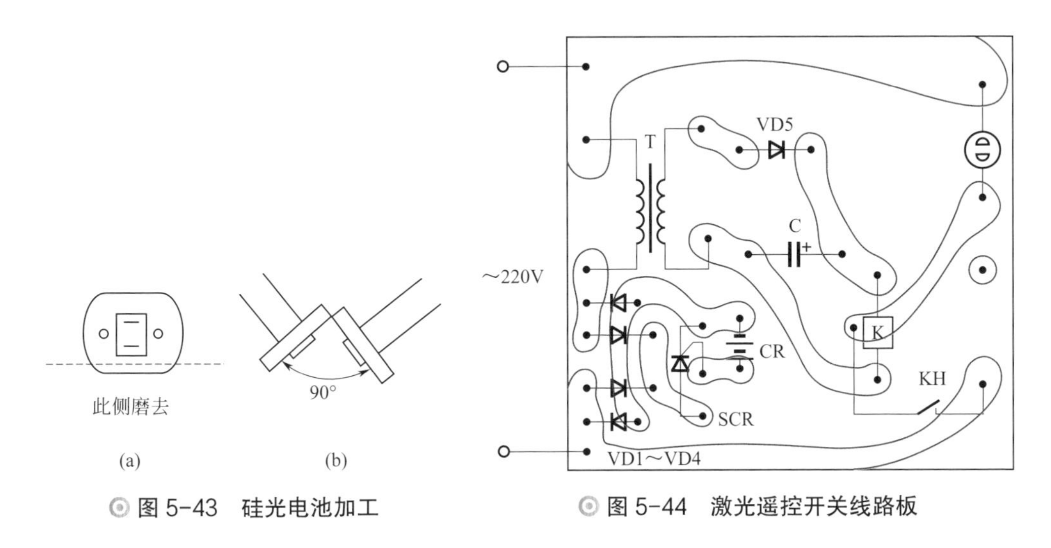

图 5-43　硅光电池加工

图 5-44　激光遥控开关线路板

元件焊接无误后，将变压器、插座（单插）和线路板固定在一个透明的塑料盒中。在盒内靠前面贴一中间有小孔的白色图画纸，以便激光束找到位置，然后将硅光电池固定在圆孔处。安装完毕无须调整即能工作。使用时将电器的插头插在插座上，用激光笔对准纸圆孔处照射，就可以打开或关闭电器。注意使用激光笔时请勿对准人的眼睛。

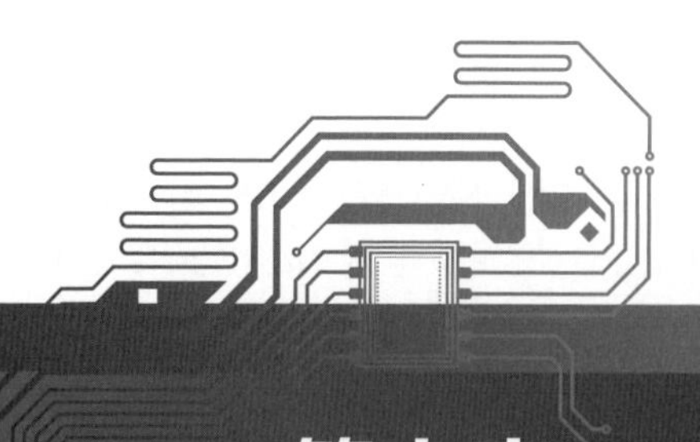

第六章

神奇的收音机与手电筒

1 食人鱼发光管手电筒

目前，LED 手电筒大多是充电式的，它用 4V 的蓄电池供电，并且通过一个降压电阻将 4V 电压降到 3.5V 以下后，去点亮 LED 发光管。由于要串联一个电阻，这样电阻上就消耗了一些电能。本节介绍的食人鱼发光管手电筒由于发光管电压可以取值较高，可以不串联电阻，直接用 4.2V 的锂电池点亮食人鱼发光管，这样提高了工作效率，并简化了电路。

工作原理

大家知道，食人鱼发光管有抗震性好，热阻低的优点，外形如图 6-1 所示。正是由于热阻低，它的工作电压可以取得比较高。一般 LED 管的工作电压只有 3.2 ～ 3.4V，而通过实验发现，食人鱼发光管只要电压在 4.0V 左右，都能正常工作，而不会烧坏，并且工作电流可以达到 80mA。

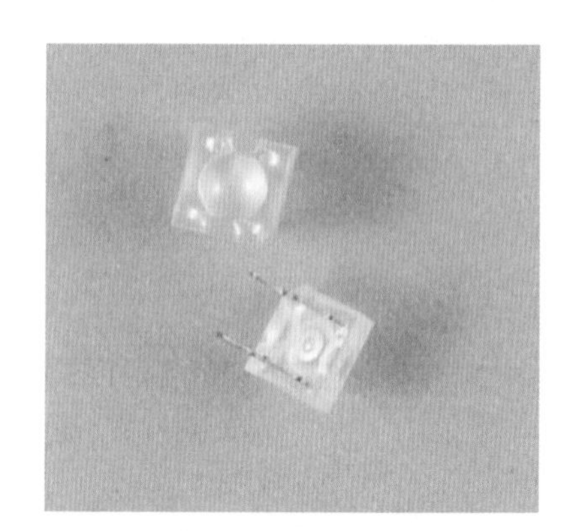

图 6-1　食人鱼发光管

图 6-2 是这种手电筒的工作原理图。它由降压电路、精密稳压电路和 LED 管指示电路 3 部分组成。

220V 的市电经涤纶电容 C1 降压，二极管 VD1 ～ VD4 的全波整流后，再经过电容 C2 和 VD5 的稳压后得到约 6.5V 100mA 的直流电源，供后级电路使用。IC1 是三端可调稳压块，6.5V 的电源电压经稳压块进一步稳压后，得到较精确的

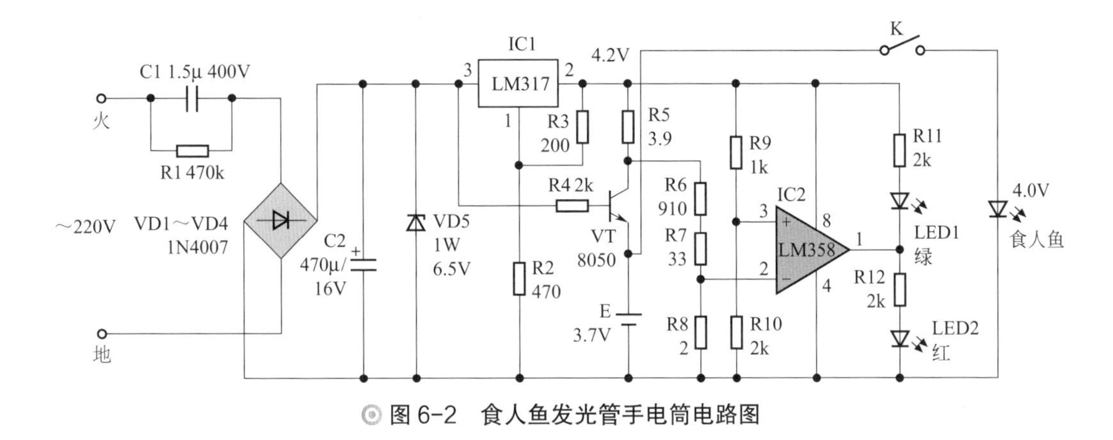

◎ 图 6-2 食人鱼发光管手电筒电路图

4.2V 电压。这里 R2 是用来决定输出 4.2V 电压的，它不用微调电阻，而用固定电阻，目的是手电筒使用过程中能保证电阻的阻值不变。4.2V 电压再经过电阻 R5 和三极管 VT 后加到锂电池 E 上，并对它充电。随着充电的进行，电池 E 的电压会不断上升（一般从 3.5V 到 4.1V），当电池电压达到 4.1 ～ 4.2V 时，充电停止，保证了电池电压不超过 4.2V。这里电阻 R5 是用来限流的，使开始充电时，电流限制在 80 ～ 90 mA。而三极管 VT 用来隔离电路，如不接三极管，则电池电压在电筒充电取下时，会对后级电路产生影响。另外，三极管基极通过电阻 R4 接到 IC1 的 3 脚（6.5V），正常充电时，对电池有 1 mA 的充电电流，但对电池的电压影响不大。

指示电路由 IC2 等元件组成。R9 和 R10 将比较器的同相输入端电压设定在 2.8V，当电池的电压低于 4.1V 时，反相输入端电压小于同相输入端电压，输出高电平，红色 LED 管亮表示正在充电。当电池电压达到 4.1V 时，反相输入端电压大于同相输入端电压，输出低电平，绿色 LED 管亮，表示电充满。这里不把充满电压设定在 4.2V，而设定在 4.1V，是因为三极管 VT 正常充电时（充电电流 20 ～ 80 mA）有 0.1V 的电压。

元件选择

C1 选用 1.5μF 的涤纶电容。稳压管 VD5 选用 1W 6.5V。可调稳压块 IC1 选用 LM317。三极管 VT 选用 8050，β 在 200 ～ 250 范围。锂电池 E 可以选用旧手机中 650 ～ 800mAh，电压 3.7V 的型号（只要容量还有原来的一半即可）。IC2 选用 LM358，这里只使用其中的一个运算放大器。发光管 LED1 和 LED2 选用 ϕ3mm 高亮的。开关 K 选用 6 脚小型按压开关，如图 6-3 所示。食人鱼发光管的选用尺寸为 8mm×8mm，其他无特殊要求。

◎ 图 6-3 开关 K

制作与调试

制作时，先找一个塑料外壳。这里用旧的小台灯外壳（也可以用旧的较大的 LED 手电外壳），如图 6-4 所示。再根据外壳的大小，设计一块电路板，也可以按图 6-5 所示制作一块电路板。安装好的电路板如图 6-6 所示。如外壳内空间有限，可以把 IC1 焊在有铜箔的一面。接着找一个能反光的塑料凹镜和一块透明有机玻璃片，可以由旧的塑料手电筒上取下，如图 6-7 所示。并加工成一定的大小，粘在外壳的前端，如图 6-8 所示。将食人鱼发光管焊在小电路板上，并粘在凹镜的后面。粘上之前，必须调整发光管在凹镜前后位置，以便光线能会聚到一个小点上。图 6-9 是要总装的手电筒结构图，这些均完成后，可以进行调试。

图 6-4　小台灯外壳

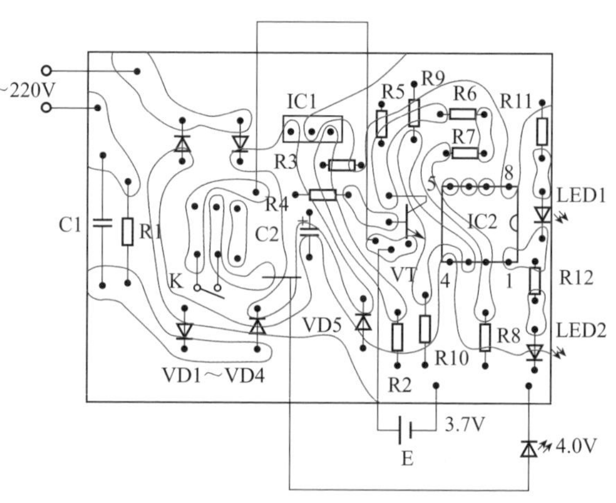

图 6-5　食人鱼发光管手电筒电路板

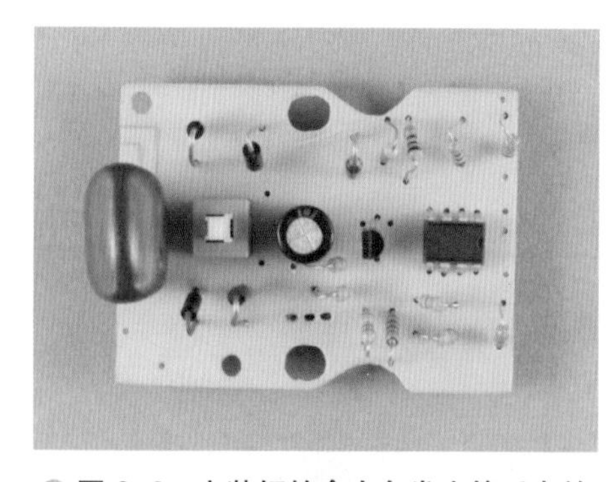

图 6-6　安装好的食人鱼发光管手电筒电路板

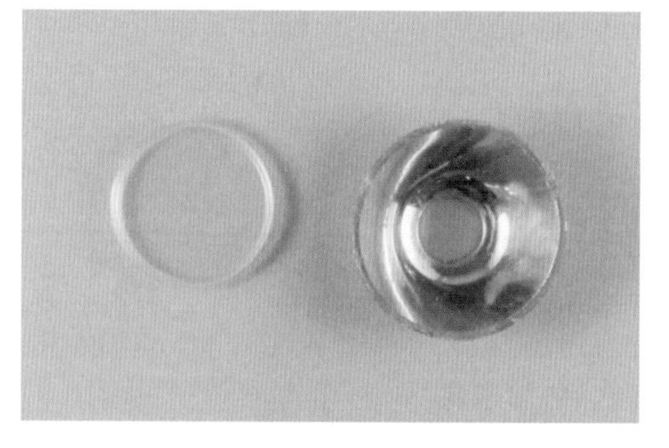

图 6-7　塑料凹镜和有机玻璃片

将电路接 220V 市电（为安全起见，按电路图分清火地线），测稳压管 VD5 两端电压应为 6.5V 左右。如为 0V，有可能是 VD5 正负极接错。另外，一定不要将 VD5 开路，

◎ 图 6-8　凹镜与玻璃片装置

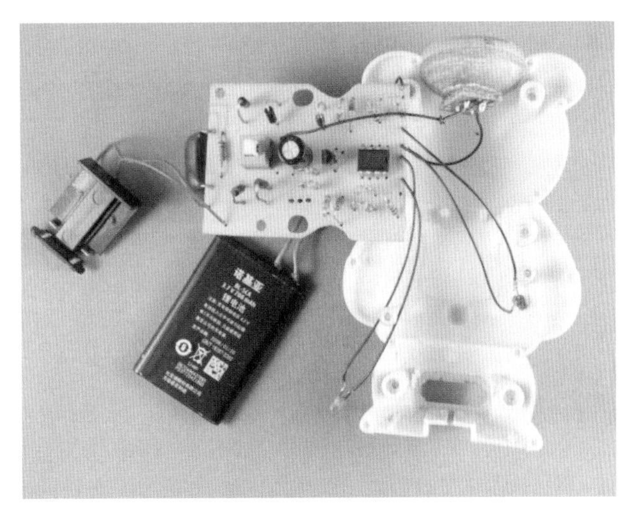

◎ 图 6-9　手电筒结构图

◎ 图 6-10　制作完成的手电筒实物图

否则易损坏后级电路。正常后，测 IC1 的 2 脚输出端电压应为 4.2V，如相差太大，可以将电阻 R2 改成相应阻值的。然后断开 R6，测 R5 两端是否有电压，如有说明能充电。并测 VT 的集射极电压应为 0.1V，说明充电电路正常。接着用数字表（指针表测时有误差）测 IC2 的 3 脚应为 2.8V。然后接上 R6，测 IC2 的 2 脚，充电时应小于 2.8V，等电池充满时（电池电压为 4.1V），绿色 LED 管要亮。否则，将 R7 换成相应阻值的，调试完成。

该手电筒充电时间约 10h，食人鱼发光管工作电流在 50 ～ 80mA，制作完成的手电筒如图 6-10 所示。

2　非门收音机

以往收音机大都由模拟电路组成，而本节介绍的收音机是由数字电路组成。它的特点是电路简单、声音大、失真小、省电。有兴趣的读者不妨动手制作一个。

工作原理

如图 6-11 所示，线圈 L 和可变电容 C1 构成调谐回路，选出所需要的电台，经非门 G1 ～ G3 的高频放大后，由非门 G3 的输出端输出信号，再由电容 C3 进行滤波，把含有高频信号的直流电变为含有音频信号的直流电，很显然这里省去了二极管检波。经电容 C4 的隔直流作用后，落在负载电阻 R2 上的就只有音频信号。再通过非门 G4 ～ G6 的低频放大，信号通过电容 C7 加到三极管 VT 的基极进行阻抗变换和功率放大，由三极管的发射极输出信号，最后由耳机发出声音。电阻 R6、电容 C5 和 C8 构成退耦电路，防止电路产生低频自激。

这里采用 6V 的电源，目的是提高放大器对高频信号的放大能力。通过实验发现当使用 3V 电源时，由非门构成的放大器对高频信号几乎没有放大的作用。电路中，电容 C2 为高频旁路电容，用于切断直流电，让高频信号通过，电阻 R1 和 R4 为放大器的偏置电阻。而放大器接入 R3 有利于改善放大器的性能。

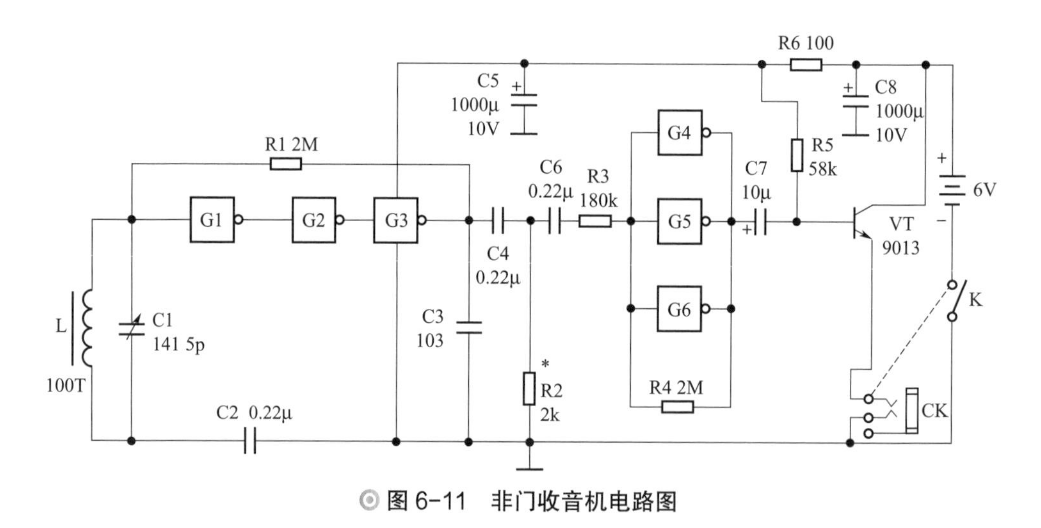

◎ 图 6-11　非门收音机电路图

元件选择

G1 ～ G6 选用非门 HCF4069 或 CD4069。可变电容 C1 选用型号为 CBM-33P。电容在 5pF ～ 141pF 之间变化。电感线圈 L 用 ϕ0.18mm 的漆包线在 5mm×3mm×55mm 的磁棒上绕 100 匝。三极管 VT 用 9013，β 为 150 ～ 200。CK 选用带开关的 3.5mm 立体声插口。电源用 4 节 5 号电池。耳机用 32Ω 的立体声耳机。除电解电容外，其他电容都用瓷片电容。

制作与调试

按电路图设计一块电路板，也可以按图 6-12 直接制作出收音机电路板。要求在焊接元件时，元件脚要尽量短一些。元件焊完检查无误后，接上 6V 电源，插上耳机，这时应能听到声音。然后转动可变电容 C1 应能收到电台。接着调整电阻 R2 的阻值。直到收音效果最佳为止。该收音机工作时电流约 15mA。

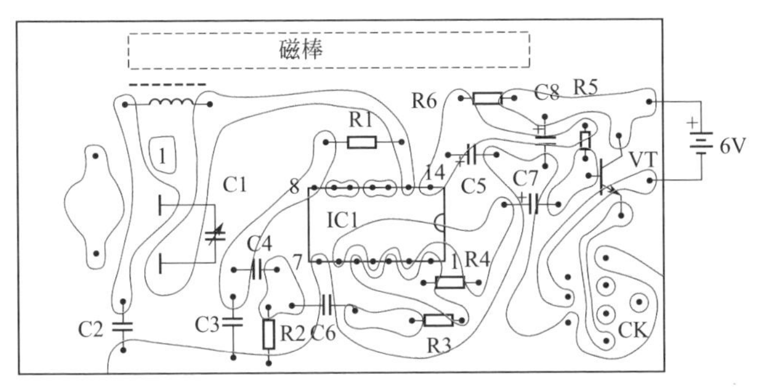

图 6-12 收音机电路板

最后调整收音机的频率。将可变电容 C1 逆时针转到顶，移动磁棒上线圈的位置收到低端电台。然后再把可变电容 C1 顺时针转到顶，调可变电容上方的小电容收到高端电台。这样反复几次直到高低端电台都收到，然后用蜡将线圈固定即可。

这样一台很有特色的收音机即制作成功，制作好的收音机如图 6-13 所示。由于该收音机灵敏度有限，主要用在当地有电台广播的场合。

图 6-13 制作好的收音机实物图

3 让充电式 LED 手电筒起死回生

现在，大家使用的手电筒大部分都为 LED 管制作的，以前使用的钨丝小灯泡电筒已较少了。而 LED 手电筒中的充电式最为方便、经济。但这种电筒有一个致命的弱点，就是内部电池通过一定次数的充电后会失效，即充不进电。如果要买新的电池很不实惠，只好丢弃。

本节介绍一种用手机中淘汰下来的锂电池代替手电筒中失效的铅酸电池，使手电筒起死回生的方法。

工作原理

手机淘汰下来的锂电池虽然经过手机的使用，它的容量已经减少，但是用在手电筒上还是可以的，只要它的容量在原来的40% ～ 50% 就可以。但锂电池的充电条件要求较高。比如说，它的充电电压不能超过 4.2V，如超过就有爆裂的危险。同时，它的放电最低电压也有一定要求。还好，退下来的锂电池上装有保护电路，但为了保险起见，笔者还是设计了自动断电电路和工作指示电路。

充电式 LED 手电筒内部原来的电路如图 6-14 所示。它采用电容降压的方式为蓄电池充电，220V 电压通过电容 C1 降压后，经过 VD1 ～ VD4 的桥式整流，为 4V 铅酸电池充电。使用时，打开开关 K，4V 电压通过 4 只限流电阻 R3 ～ R6 后，加到白色发光管 LED1 ～ LED4 上，使 LED 管发光。工作电流约 100 ～ 120mA。

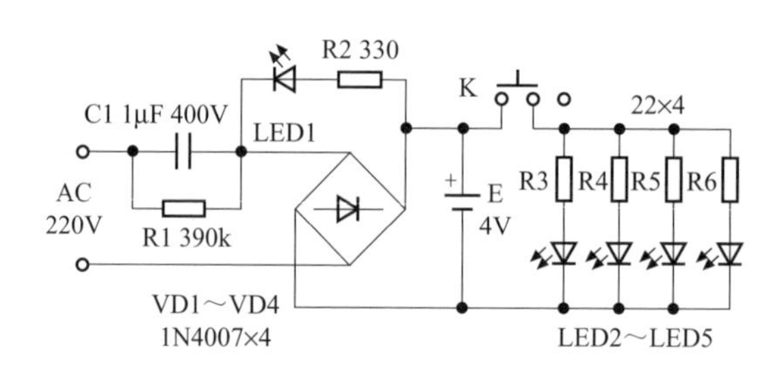

图 6-14　手电筒电路图

下面介绍用手机锂电池作电源的电路工作原理。电路图如图 6-15 所示。它同样使用了原来的电容降压电路和白色 LED 管电路。只不过降压电容的容量变大了，由 1μF 变为 1.5μF。220V 降压后的电压经过 VD1 ～ VD4 的整流和稳压管 VD5 稳压使电压稳定在 9V 左右。再经过 IC1 的稳压，得到 6V 精确电压。

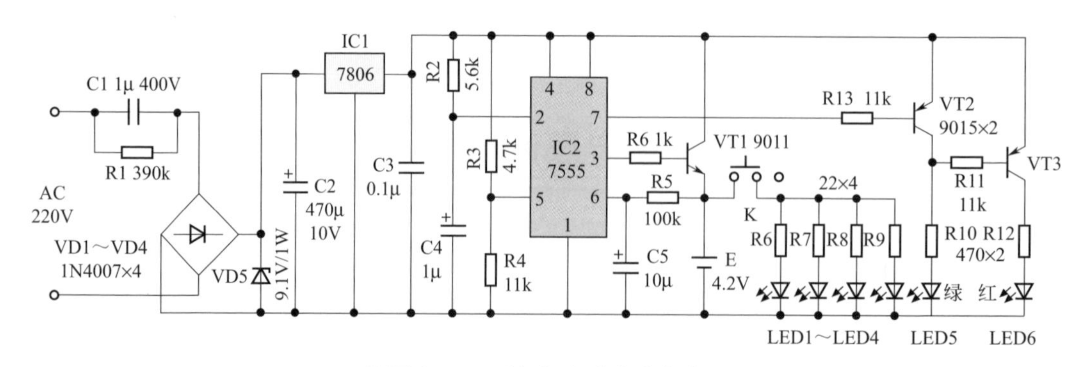

图 6-15　手机锂电池电路电路图

IC2 为 CMOS 型时基电路，型号为 7555，这种电路较 555 省电，输出电压高，由它组成锂电池充电自动断电电路。IC2 的 5 脚为控制端，它通过分压电阻 R3 和 R4 来设定基准电压，这里设定为 4.2V，即锂电池的终止电压。接通电源后，IC1 输出的 6V 电压通过 R2 对电容 C4 充电。开始充电时，2 脚电压为 0，输出端 3 脚为高电平。于是，三极管 VT1 导通，对锂电池 E 充电，电流通过三极管 VT1 控制在 50 ～ 80mA 范围内。随着充电的进行锂电池电压不断上升，当电压达到 4.2V 时，6 脚电压也达到 4.2V，使 3 脚输出低电平，停止对锂电池充电。电容 C5 的作用是避免充电初期 6 脚电压受到干扰。

指示电路由三极管 VT2、VT3、LED5 和 LED6 组成。当电路处在充电状态时，IC2 的 7 脚截止。6V 电压通过 VT3 的发射结，R11、R10 和 LED5，形成基极电流。但这个基极电流不足以使 LED5 发光，而使 LED6 红色管发光。停止充电后，3 脚为低电平，6V 电压通过 VT2 的发射结 R13，再加到 IC2 的 7 脚上（7 脚导通），使 VT2 导通 VT3 截止，LED5 绿色发光管发光。

元件选择

电路中，C1 用 1.5μF 400V 的涤纶电容。稳压管 VD5 用 1W 9.1V。电容 C5 用 5 ～ 10μF 漏电流小的钽电容。三极管 VT1 用 9011，β 为 80 ～ 100，VT2、VT3 用 9015，β 为 200 ～ 250。原发光管（指示）改用双色 ϕ3mm 的（LED5 和 LED6）。电池 E 用 500 ～ 1000mAh 的 3.7V 手机电池。其他元件无特殊要求。

制作与调试

制作时，附加的电路置在一块小电路板上。电路焊接无误后，接 220V 电压。对电池充电，红色 LED 管发光。测 IC1 的输出应为 6V。再用万用表测电池电压，当电池电压达到 4.2V 时，充电应终止，绿色发光管亮。如电池终止电压有出入，可以改变 R4 的大小。安装时，由于手电筒内空间较小，要求把 7806 稳压块上的金属部分锯去，电容 C1 可以在原来 1μF 电容位置上再焊一只 0.47μF 400V 的涤纶电容。最后将电路板和电池叠合（中间夹一薄塑料片）装入原来的铅酸电池位置即可。考虑到稳压管 VD5 在对电池不充电时，发热严重，可以用双只同型号的管并联接入。整体安装图如图 6-16 所示，外观如图 6-17 所示，供制作时参考。

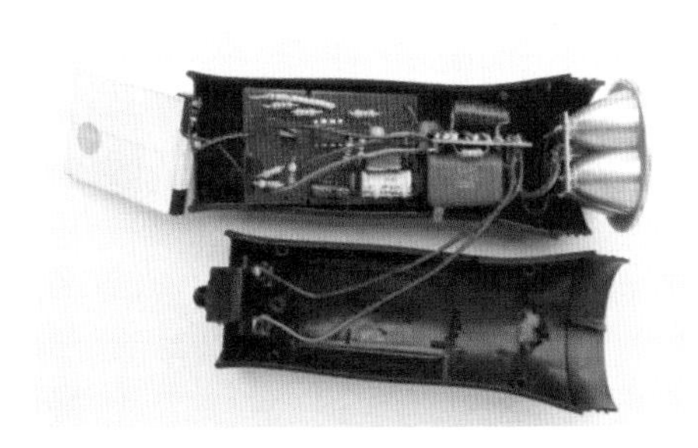

图 6-16　整体安装图

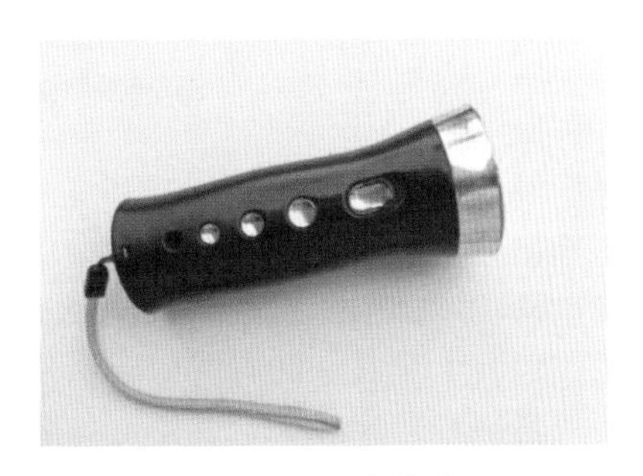

图 6-17　手电筒外观图

4 中波无方向性收音机

通常的中波段收音机都有方向性，即收听时常要转动收音机方向，直至声音最大，因此使用起来很不方便，特别是外出旅游乘车时，因为车行驶的方向常常改变，而更不方便。本节介绍的收音机采用了双磁棒天线，收听收音机时，可不考虑方向问题。

工作原理

收音机的工作原理如图 6-18 所示。

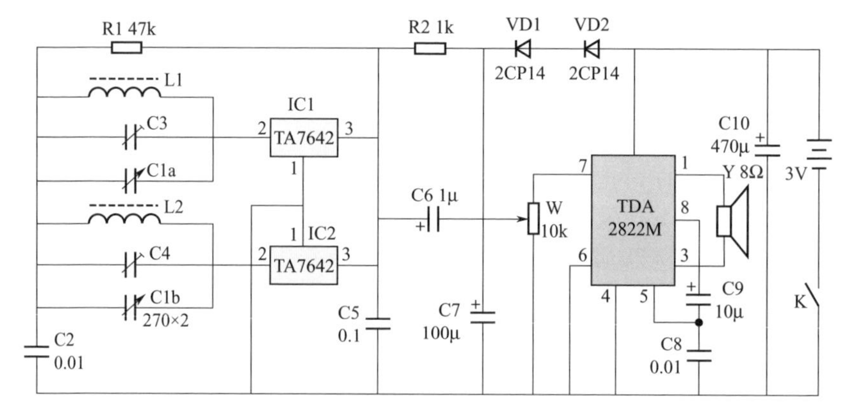

图 6-18 中波无方向性收音机电路图

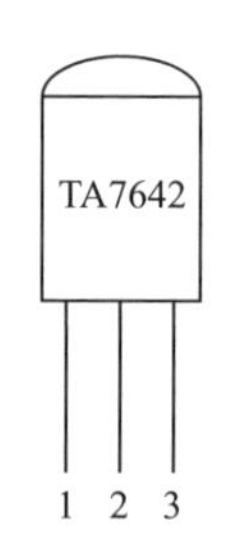

图 6-19 TA7642 引脚排列

它使用了两只互相垂直的磁棒来接收不同方向的电台信号，并且它们的调谐回路也是互相独立的。当调谐回路选择出某方向的电台信号后，再送入型号为 TA7642 的集成电路，IC1 和 IC2 同时对电台信号进行高放、检波。如这时两磁棒在电台方向的两侧，则 IC1 和 IC2 同时对电台信号进行高放、检波，然后两信号相加，由 C6 耦合到功放级进行功率放大。其中 C1a 和 L1、C1b 和 L2 组成调谐回路，C2 为隔直电容，C3 和 C4 为频率补偿电容，C5 为高频旁路电容，R1、R2 分别为 IC1 和 IC2 的偏置电阻和负载电阻。音频信号经过音量电位器 W 加到功放集成块 TDA2822M 的第 7 脚进行功率放大，然后由 1 和 3 两脚输出推动喇叭发出声音。其中 C7 和 C10 为滤波电容，用来防止电路自激，VD1、VD2 的作用是把电源电压降低后供集成电路 IC1 和 IC2 使用。

元件选择

IC1 和 IC2 为常用的调幅收音机集成电路 TA7642，引出脚的排列如图 6-19 所示。IC3 为功放集成块 TDA2822M，C1 为 2×270 的收音机可变电容，L1 和 L2 用 55mm×14mm×5mm 的扁形磁棒上绕 ϕ0.21mm 的漆包线 75 圈制成。W 为带开关的 10kΩ 电位器，VD1、VD2 可使用 2CP14 或 1N4001，扬声器为 0.1W 8Ω 的内磁式电动扬声器。两节 5 号电池用弹性铜片固定在线路板的两侧，电阻电容为常用元件。

制作与调试

收音机线路板如图 6-20 所示。

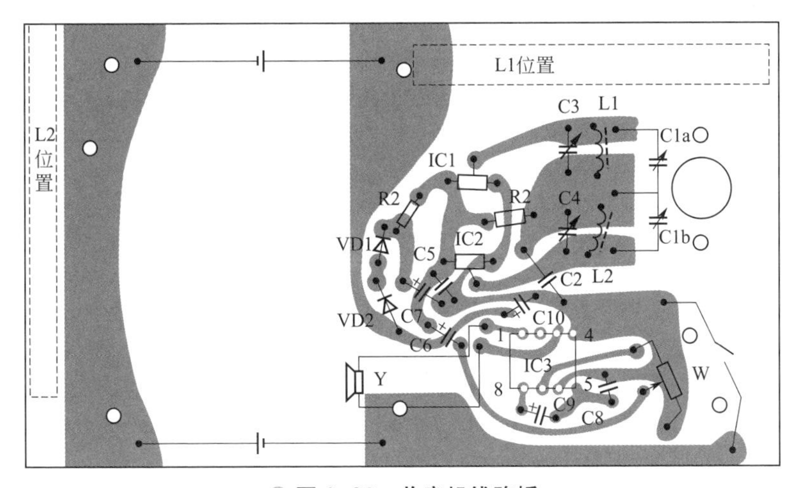

图 6-20　收音机线路板

元件安装无误后，打开开关接通电源，把电位器 W 开到最大，用镊子碰电位器的中心脚，若有感应声，说明功放正常，再调节可变电容应能收到电台。接着调频率，先将 L1 对着电台方向，把可变电容器旋到容量最小的位置，应能收到 1500kHz 的电台，否则调 C3。然后把可变电容调到容量最大的位置，应能收到 540kHz 的电台，否则可移动线圈在磁棒上的位置。接着再把 L2 对着电台方向，用同样方法调整电台。调整电台时，电台的频率位置在两个方向上要尽量一样。如收音机有自激，可把 R2 调大些或增加滤波电容的容量。如出现相同电台的干扰，可移动 L2 在支架上的位置使干扰降至最小。最后把线路板、喇叭装入 115mm×65mm×26mm 的机壳中完成制作。

5 双台收音机

一般收音机使用可变电容进行选台，这种选台方法选台速度慢，不容易选准。而高档收音机用电调谐选台，虽然好但尚未普及。本节介绍的双台收音机，可预先选好两个自己喜欢的电台，并且用按钮进行快速切换。只要花十几元就可以制成这台收音机。

工作原理

如图 6-21 所示。线圈 L、电容 C1、电子开关 IC1 以及光电耦合器 IC2、IC3 等元件构成选台电路。选台时，按下按钮开关 S1，3V 的电源电压加到控制端 E1 和 E4，使电子开关 O1、O4 接通。这时，若松开按钮开关 S1，由于电子开关 O1 已经接通，就使得 E1、E4 锁定为高电平，O1、O4 保持接通状态。同时，高电平使光电耦合器 IC2 内光敏三极管导通，就使得控制端 E2、E3 为低电平，电子开关 O2、O3 断开，此时选中了其中一个电台。同理，当按下按钮开关 S2 时，电子开关 O2、O3 接通，O1、O4 断开，选中另一个电台。

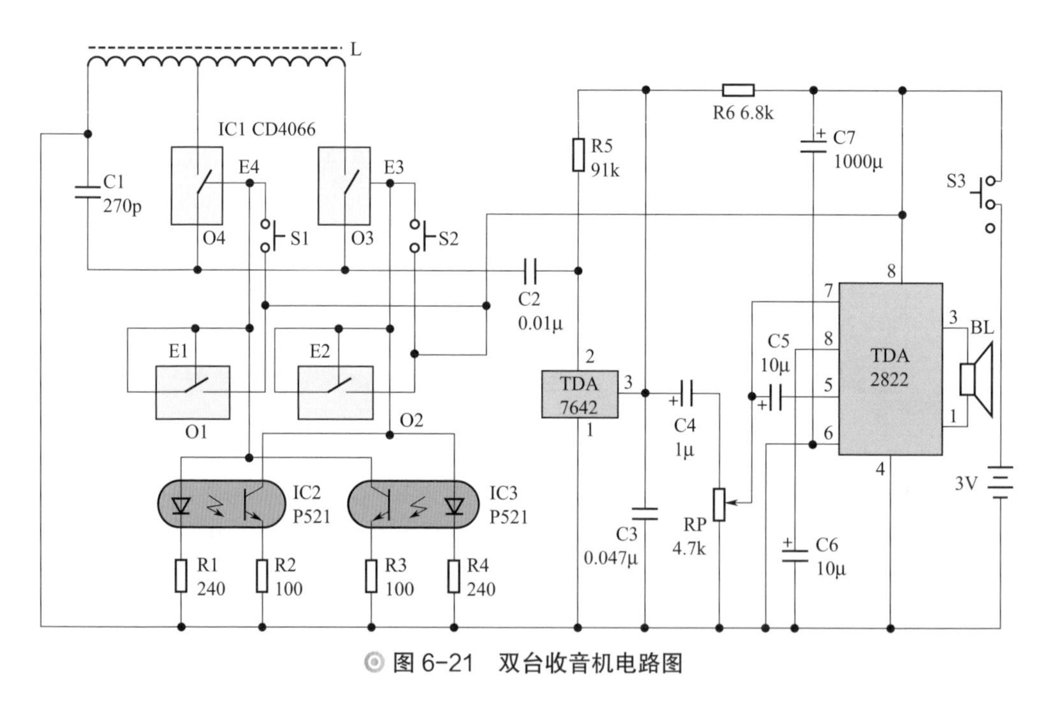

◎ 图 6-21　双台收音机电路图

当电子开关接通选中其中一个电台后，高频电台信号通过电容 C2 加到 IC4 上。IC4 的型号为 TA7642，它是收音机专用集成电路，内部含有多级放大电路和一级检波电路。当电台被放大、检波后通过电容 C4 耦合到由集成电路 IC5 等元件组成的功率放大电路进行功率放大。IC5 型号为 TDA2822M，内部有两个相同的功率放大电路，这里把它接成 BTL 电路。这种 BTL 电路的接法不同于一般的 BTL 电路接法，它有输出功率大的特点。电容 C5、C6 用于信号的耦合。这样，被功率放大器放大的音频信号通过喇叭 BL 发出声音。

其中，电阻 R5 为 IC4 的偏置电阻，电阻 R6 为自动增益控制电阻。C3 为高频旁路电容。电位器 RP 用于调节音量。电容 C7 为退耦电容，用于消除电路可能产生的自激。

元件选择

电容 C1 选用 270pF 的瓷电电容。集成电路 IC1 选用型号为 CD4066 或 TC4066 的双向电子开关。IC2、IC3 选用的光电耦合器型号为 P521 或 P621。IC4 选用收音机集成电路 CIC7642 或 TA7642。IC5 选用功放集成电路 TDA2822 或 TDA2822M。音量电位器 RP 选用立式的收音机小型电位器。S1、S2 选用小型轻触按钮开关。S3 选用 1×2 的小型拨动开关。线圈 L 是在 55mm×14mm×5mm 的扁平磁棒上用 ϕ0.25mm 的漆包线绕 75 匝制成。扬声器 BL 用 8Ω 0.5W 的电动扬声器。以上集成电路要求用正品。

制作与调试

制作前先找一个收音机的外壳，根据外壳决定电路板的大小，其外壳大小和图 6-22 电路板相当，也可直接按图 6-22 制成电路板。

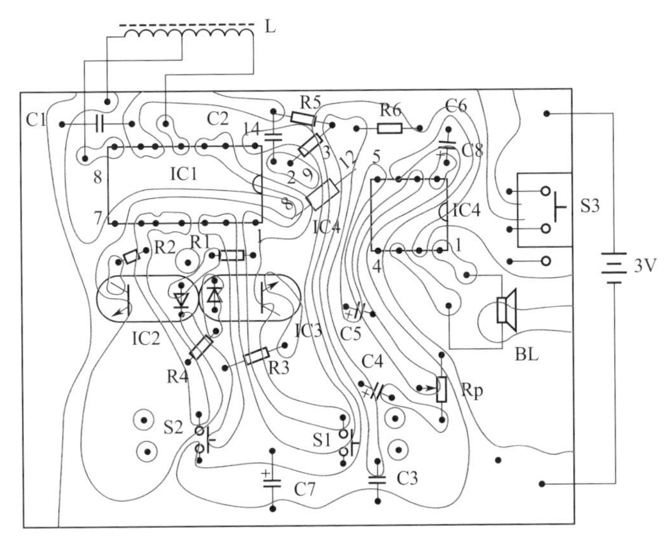

图 6-22　双台收音机电路板

线圈 L 的制作方法是：在扁平磁棒上先用牛皮纸包两层，用针在磁棒一侧的牛皮纸上穿出两个小孔，令漆包线的线头穿过并固定住，然后将漆包线整齐紧凑地在磁棒线上绕 75 匝，最后再用针穿两个小孔将线头固定住。电路板元件焊接无误后，将电路板、电池和喇叭用导线连接好，天线线圈先接与电容 C1 相连的线头，另一线头不接。打开开关 S3 应能听到吱吱声，接着寻找电台。先用小锉刀在线圈的凸出部位把漆包线的漆包锉去。将电子开关 O4 接一引线出来，在开关 S1 接通的情况下，把线头接触线圈刮去漆皮的地方并移动，直到找到一个电台并做好记号，再移动线头找到另一个电台。接着在线圈有电台的位置各焊一条引线接到电路板的电子开关 O3、O4 上（线圈上焊引线要注意不要把多匝线圈焊在一起，否则收音效果不好）。然后按动开关 S1、S2，电台应能自动切换。若不能切换，说明电子开关电路有问题，应检查控制端电压是否正常（正常一般为 1.7V 左右），确认 CD4066 是否有问题。电子开关工作总电流不超过 5mA。一切正常后旋动音量电位器旋钮，声音大小应能变化，如声音太小，应检查 IC4、功放电路是否有问题。

最后，在外壳上开出选台按钮开关、拨动开关、音量旋钮孔，将电路板装入，把线圈用百得胶固定在壳内，面板图如图 6-23 所示，总装图如图 6-24 所示。这样，一个双台收音机即制成。

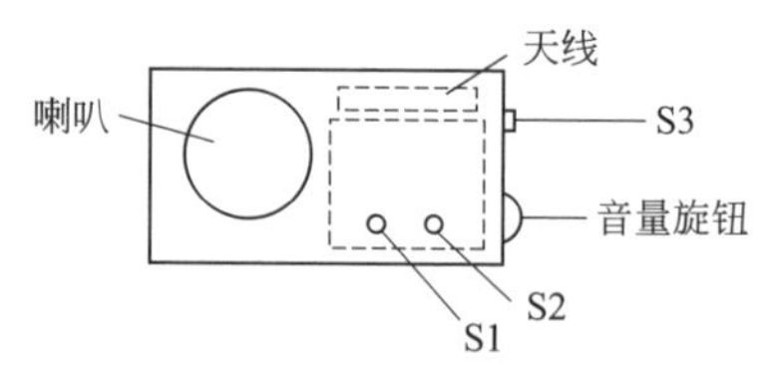

图 6-23　双台收音机面板图

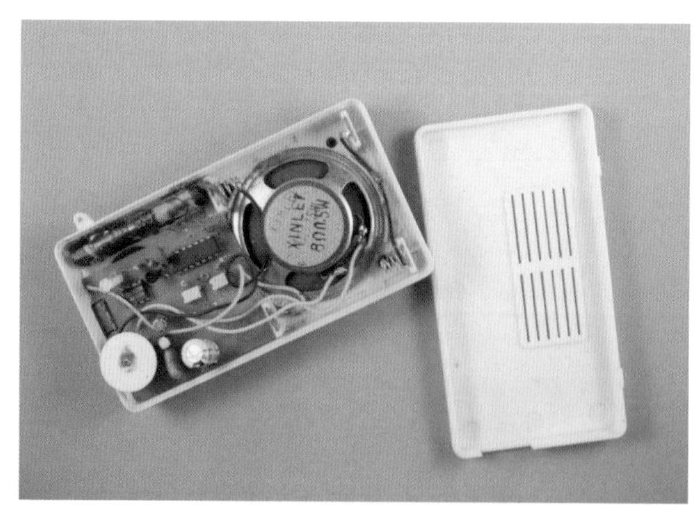

图 6-24　双台收音机总装图

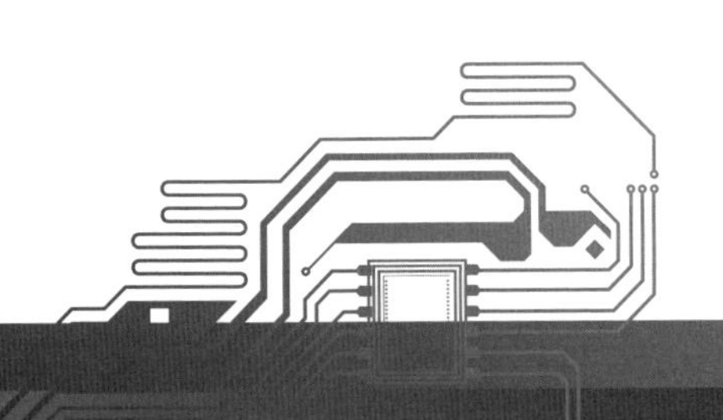

第七章

仪器与仪表

1　0～12V 数控稳压源

本节介绍的稳压源采用数字显示，只要按动按钮，电压就可以在0～12V任意设定，分辨率在0.1V。

工作原理

（1）电源部分

如图7-1所示，变压器B把220V的交流电压降为三路各自独立的交流电压，分别为18V、18V和8V。第一路18V交流电压由D1整流、C1滤波后通过稳压集成块IC1稳压得到稳定的15V电压，供控制电路中的IC6使用。第二路18V交流电压由二极管VD2～VD5桥式整流后由C3滤波再由稳压集成块IC2稳压，也获得15V的稳压电压，供控制电路中的IC7使用。

同时，桥式整流滤波后的电压再通过可调稳压集成块IC3稳压后，经电压的设定，从它的输出端得到所需要的电压。第三路8V交流电经VD9整流、C8滤波后，由稳压集成块IC4输出5V的稳定电压，供控制电路中的IC5和显示电路使用。进行电压的设定要解决两个问题。一是稳压块的泄放电流，以往电路使用240Ω的电阻接在输出端和公共端之间进行电流泄放，但这样给电压的设定带来难度，故采用从输出端直接把电流泄入的方法。在这里采用了由场效应管VT1和三极管VT2来完成，由VT1和VT2组成恒流源。考虑到输出端有1.25V的输出电压，为了能从0V开始设定电压，在输出端接入二极管VD7、VD8进行降压，并把恒流电流调整在20mA左右。二是电压的设定，这里采用了附加电压的方法，在稳压块IC3的公共端和地之间接入三个电阻，把独立的三个电压进行分压然后相叠加的方法，使它的电压能在0～12V范围变化。

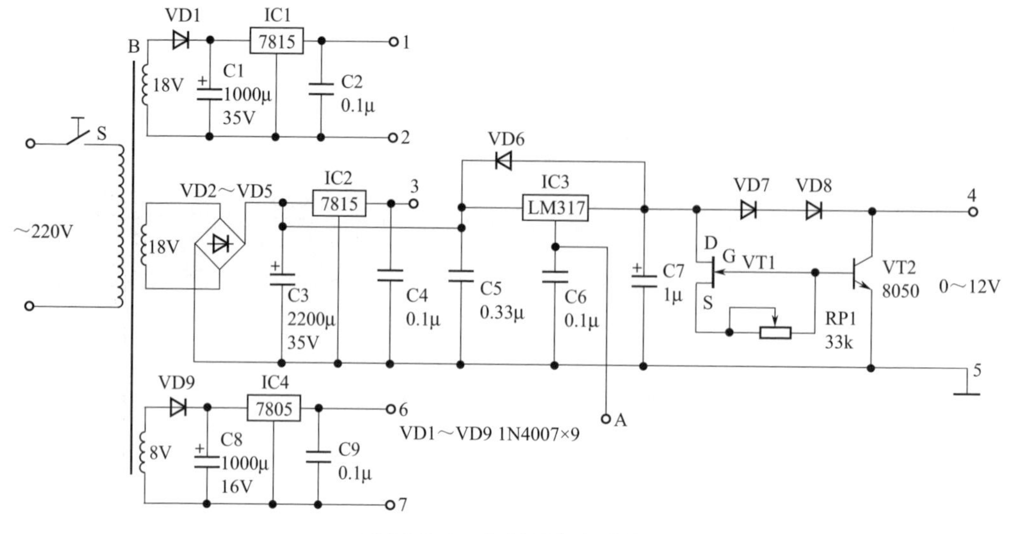

◎图 7-1　电源部分电路图

(2)电压控制部分

如图 7-2 所示，电路由 IC5 ~ IC8 组成。

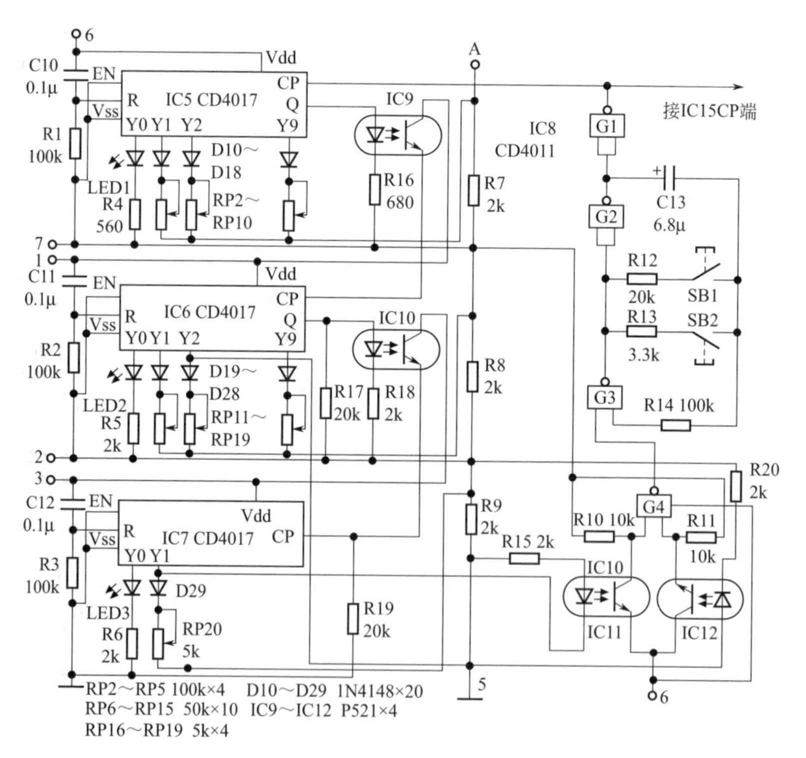

◎图 7-2　电压控制部分电路图

IC5 ～ IC7 为十进制计数脉冲分配器 CD4017，IC5 接 5V 的电源电压，IC6 接 15V 的电压，IC6 接另一路 15V 电压。当开关 S 接通后，各电源电压通过 RC 微分电路在集成电路的 R 端得到一脉冲电压，使电路清零，发光管 LED1 ～ LED3 同时发光。接下 SB2 后，由 IC8（CD4011）中的两个与非门 G2 和 G3 组成的脉冲振荡电路开始振荡，在 G1 的输出端输出脉冲信号加到 IC5 的 CP 端，使 Y1 ～ Y9 依次输出高电平，通过 RP2 ～ RP10 的分压在 R7 上得到 0.1 ～ 0.9V 的电压。在 QCO 端输出进位脉冲后，IC6 的 Y1 端为高电平（由于 IC5 和 IC6 的电源是独立的，故采用光电耦合器 IC9 把进位脉冲传递到 IC6 的 CP 端），直到 Y9 为高电平。这时经微调电阻 RP11 ～ RP19 分压后，在电阻 R8 上得到 1 ～ 9V 的电压。IC6 的 QCO 端输出进位脉冲后，经光电耦合器 IC10 使 Y1 端为高电平，再经微调电阻 RP20 分压后，在 R9 上得到 10V 的电压。如需要 11.4V 的电压，则 R7 上的电压为 0.4V，R8 上的电压为 1V，R9 上的点电压为 10V，即 0.4V+1V+10V=11.4V。当电压达到 12V 时，IC6 的 Y2 端和 IC7 的 Y1 端同时为高电平，由于 IC6、IC7 和 IC8 的电源是各自独立的，故用光电耦合器 IC11 和 IC12 把高电平耦合到与非门 G4 的两个输入端，使输出端为低电平，振荡电路停振，稳压电源输出电压保持在 12V。

(3)显示电路

如图 7-3 所示，它由 3 只共阴数码管和 3 只十进制计数七段译码器 CD4033（IC13 ～ IC15）组成，接 5V 的直流电压。开始时，电源电压经 C14 和 R20 后，把脉冲电压加到 R 端进行清零。当与非门 G1 的输出脉冲信号加到 IC15 的 CP 端，则接 IC15 的数码管会显示 1 ～ 9 的数字，当第 10 个脉冲信号加到 CP 端时显示为 0，并由 QCO 端输出进位脉冲，使接 IC14 的数码管显示 1，以此类推，直到它显示 12.0 为止。小数点的显示则是直接把 5V 的电压通过 R19 后加到 h 端。各集成电路之间 RBI 和 RBO 连接是为消除前面的零，INH 端和 LT 端直接接地。

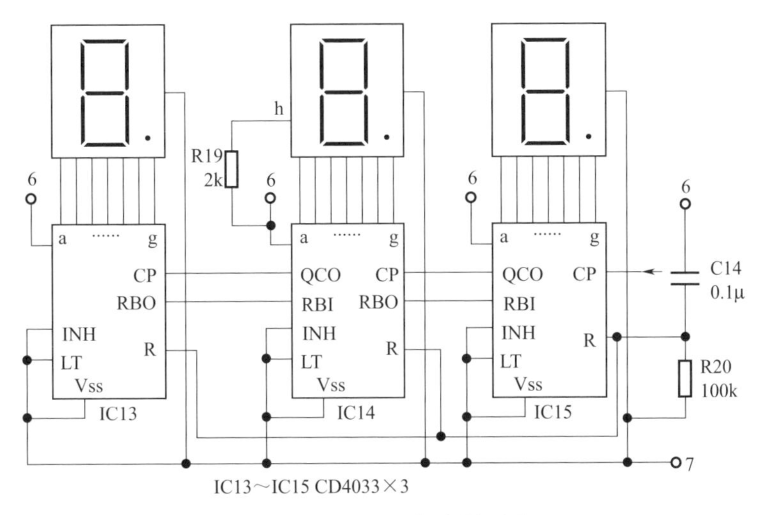

◎ 图 7-3　显示电路原理图

元件选择

电源变压器选用 10 ～ 15W，输出电压为双 18V 的型号。最好用初级线圈和次级线圈绕组分体式。改制时，把 18V 绕组的中间插头分开，并用 0.28mm 漆包线在次级线圈上加绕一组 8V 的线组。IC1 和 IC2 用 7815 稳压块。IC3 用 LM317 可调稳压块。IC4 用 7805 稳压块。IC5 ～ IC7 用 CD4017。IC9 ～ IC12 用型号为 P521 的光电耦合器。IC8 用 CD4011。IC13 ～ IC15 用 CD4033。数码管选用 0.5in[1] 的共阴数码管。VT1 用 2SK363 结型场效应管，I_{DSS} 为 5 ～ 10mA。VT2 用 CS8050，β 为 150 ～ 200。其他元件无特殊要求。

制作与调试

根据图 7-1 ～图 7-3，分别制作三块电路板。元件焊接无误后，用万用表测 1、2 端，应有 15V 的电压，测 3、5 端也要有 15V 的电压输出。然后暂时把 IC3 的公共端和地相接，测输出和地之间的电压应为 1.25V。如电压偏高，需调整 RP1。再断开 VT2 的集电极用万用表测应有 20mA 的电流，太大或太小应调 RP1 直到正常。最后测一下 6、7 端，应有 5V 的电压输出。LM317 上应装一块铝散热片。控制板制成后，元件焊接无误，用导线和电源板相连，先调微调电阻 RP2 ～ RP10，在 IC5 的 Y1 ～ Y9 端依次输出高电平时，测 R7 两端电压应为 0.1 ～ 0.9V。再调 RP11 ～ RP19，在 IC6 的 Y1 ～ Y9 端依次输出高电平时，R8 两端电压应为 1 ～ 9V。再调 RP20，在 IC7 的 Y1 端为高电平时，R9 两端应为 10V。显示板制成后只要元件焊接无误，不用调整即能正常工作。如发现数字显示和电压变化不同步时，可在与非门 G1 的输出端和 7 端接一只 0.1μF 电容。调试工作完成后，用铁皮制作一个外壳，面板如图 7-4 所示。操作时，只要接通开关 S，LED1 ～ LED3 全部发光，即可按动按钮 SB2，当接近所要设定的电压时，改为按动按钮 SB1，直到显示出所要设定的电压为止。

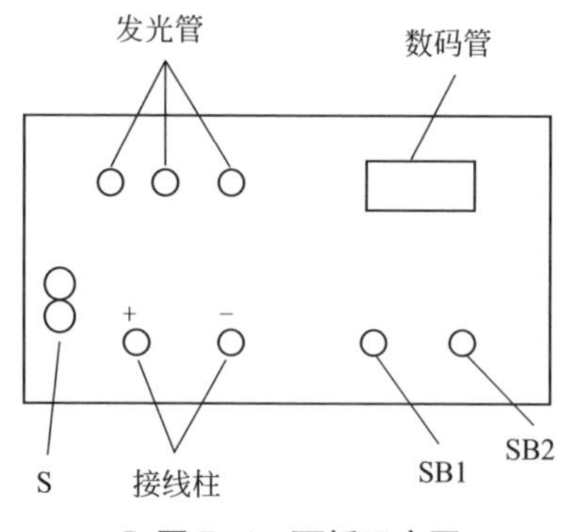

图 7-4 面板示意图

[1] 1in=0.0254m。

2 耳机断线测试器

随着互联网的快速发展，人们经常要用电脑进行聊天、听音乐、看电影还有打电话。那么，以上的情况中都会用到耳机。但是，如果耳机使用不当，耳机就会无声。好的耳机，多则一二百元，少则几十元，丢之可惜，如果修理也有一定的难度，如不容易找到引线短点等。本节介绍的耳机断线测试器，就能解决这一问题。

工作原理

如图 7-5 所示。

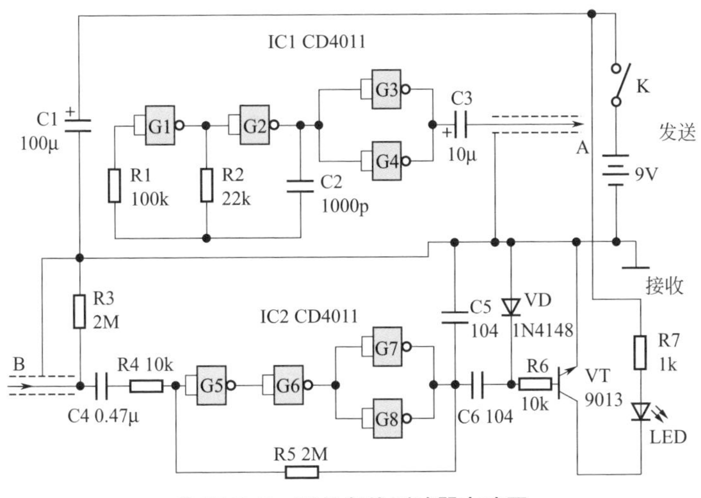

图 7-5 耳机断线测试器电路图

IC1 为四二输入与非门 CD4011。其中 G1、G2 等元件组成一个多谐振荡器，工作频率在 20kHz。输出的矩形波信号经过与非门 G3、G4 接成的非门进行缓冲再由电容 C3 隔直流，在 A 端输出音频信号，加到耳机引线上。B 端为微弱音频信号输入端，当音频信号加到耳机引线后，再通过套在耳机引线上的耦合环，将音频信号耦合到 B 端。IC2 同样是一块四二输入与非门 CD4011，其中 G5 ～ G8 组成小信号放大器，放大倍数约 200。调整 R4 可以改变放大倍数。当 B 端有信号输入时，G7 和 G8 的输出端有一定幅度的脉动信号电压，经 C6 和二极管 VD 的作用，将信号的半周加到三极管 VT 的基极对信号进一步放大，发光管 LED 发光。由于信号频率比较高，不会看到闪烁现象。当没有信号加到 B 端时，放大器输出端几乎没有信号输出，输出直流电压在 $\frac{1}{2}V_{DD}$ 左右。由于没有信号加到三极管的基极，三极管 VT 截止，发光管 LED 不发光。其中，二极管 VD 对电容 C6 放电，电容 C5 用于消除高频自激。

元件选择

IC1 和 IC2 用四二输入与非门 CD4011 或 TC4011。电容 C2 用 102pF 的瓷片电容。开关 K 用 1×2 的拨动开关。电池用 9V 叠层电池。LED 用 ϕ3mm 的红色发光管。三极管 VT 用 9013，β 为 100 ～ 150。其他元件无特殊要求。

制作与调试

先制作一个耦合环，用直径为 2mm 的漆包线或裸铜线弯成直径为 2cm 的圆环，在环的直线部分用直径 1cm 的塑料棒中间挖一个孔，然后套在裸铜线的柄端。找一条 30cm 的屏蔽线，把芯线焊在柄端，屏蔽线的外层编织线不焊，再套上热缩管固定。接着找两个鳄鱼夹和一条 30cm 长的屏蔽线，将屏蔽线的一端焊到两个鳄鱼夹上。制作完成如图 7-6 所示。

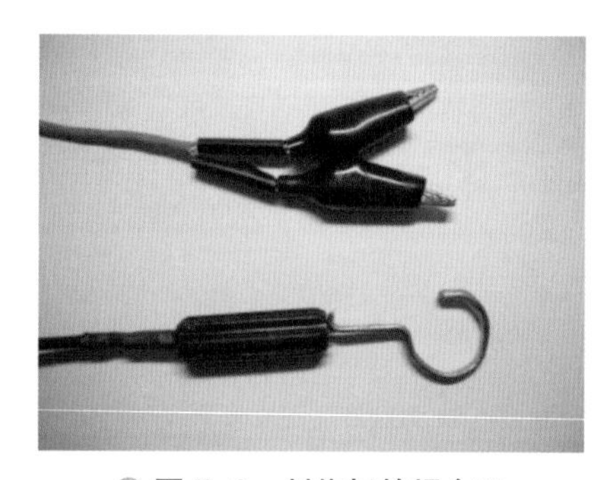

图 7-6　制作好的耦合环

按图 7-7 制作一块电路板。为了不相互干扰，要求信号产生和接收电路分开一定距离，故两个集成电路的距离应为 4cm 左右。制作完成电路板后，将耦合环和两个鳄鱼夹焊到电路板上，在电路板的地和 A 端焊鳄鱼夹引线，B 端焊耦合环。制作好的耳机断线测试器如图 7-8 所示，电源可以用 9V 的叠层电池。

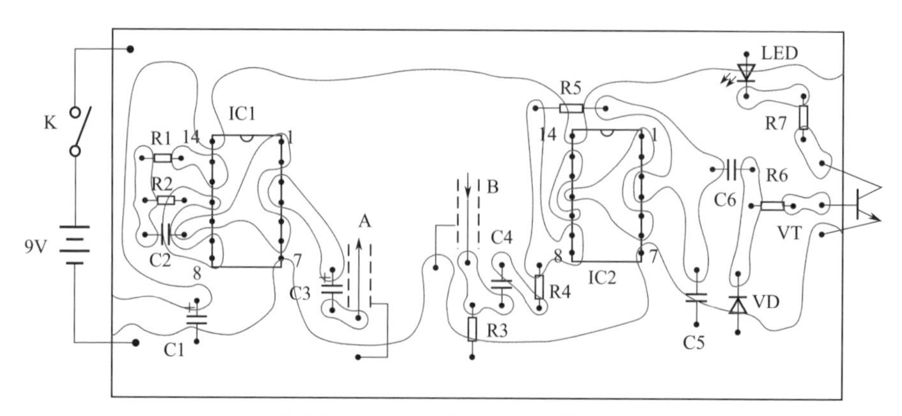

图 7-7　耳机断线测试器电路板

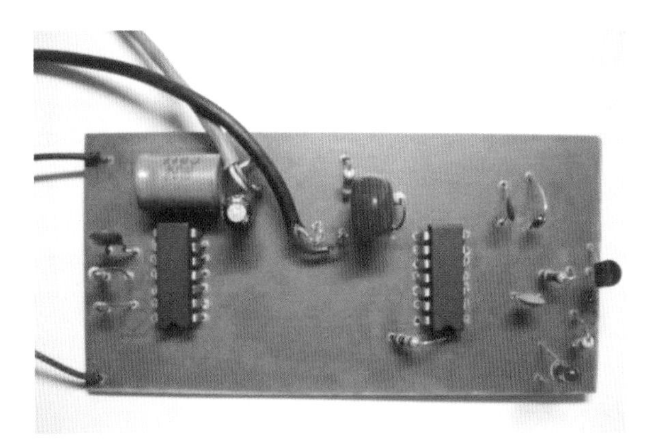

◎ 图 7-8　制作好的耳机断线测试器

测试时，可以用一条双芯扁平软线，将其中间剪断，再用胶布粘好。将两只鳄鱼夹夹到扁平线一端的两个端头上（芯线鳄鱼夹夹在带有断头的软线上），将耦合环套入扁平线，一只手将耦合环向一边移动，红色发光管会发光，当移动过断点时，红色 LED 灯熄灭，说明工作正常。如果耦合环过断点 LED 灯还是不熄灭，可以增大电阻 R4 的阻值，减小放大器的放大倍数，直到正常。另外，测试时信号输出线和输入线要尽可能分开一些。

如果耳机一个声道能放声，但另一个声道不能。将接地鳄鱼夹夹住其中一条没有断的引线一端（耳机插头接地端）。另一只鳄鱼夹夹住断线引线一端，打开断线测试器开关，移动耦合环过耳机左右声道分支处时，LED 灯由亮变灭，反复几次情况一样，断定此处为断点。用小刀切开塑料皮层，重新焊好引线并且用胶布粘牢，用万用表测引线已接通，再试用情况正常。

3　0 ~ 30V 稳压管测试器

平时我们测量稳压管的稳压值都要搭接电路，并调整限流电阻的阻值，测量比较麻烦，测定值也不够准确。本节介绍的测试器能对 0.5W 和 1W 的稳压值在 30V 以内的稳压管进行测量，测定值相对精确，同时采用数字表头显示比较直观。

工作原理

不同功率的稳压管测试的稳定电流也不同，0.5W 的稳定电流一般比较小，这里取 5mA。1W 的稳定电流比较大，这里取 20mA。

图 7-9 是测试器的工作原理图。

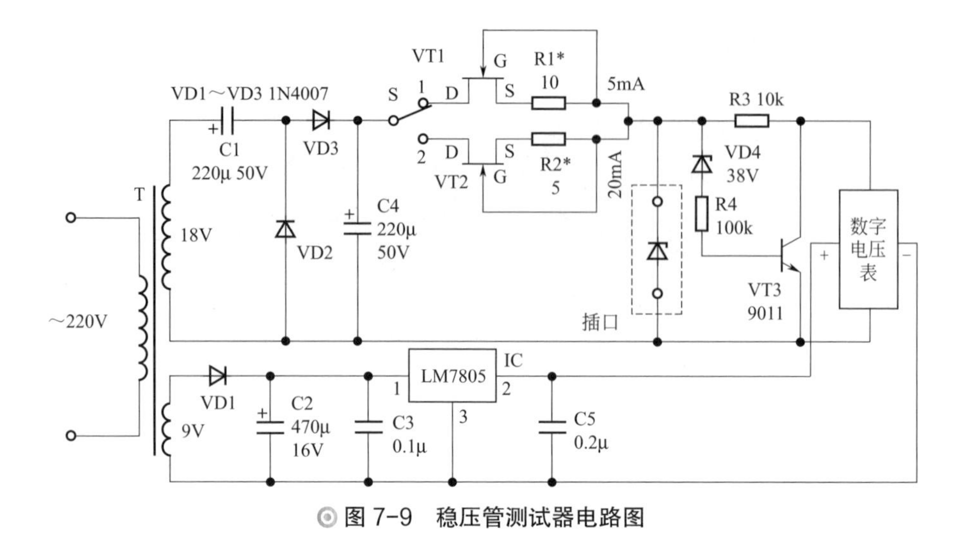

图 7-9 稳压管测试器电路图

220V 的市电通过变压器 T 变压后产生两路电压，分别为 18V 和 9V。18V 电压通过电容 C1、C4，二极管 VD2、VD3 进行二倍压的整流，在电容 C4 上产生约 40V 的高压。结型场效应管 VT1 或 VT2 为恒流源电路。当要测定 0.5W 稳压管的稳压值时，开关 S 合到触点 1，恒流源输出约 5mA 的电流。当要测定 1W 稳压管的稳压值时，开关 S 合到触点 2，恒流源输出约 20mA 的电流。这样恒定电流再通过插口上被测稳压管两端的数字电压表测出电压。

由 VD3、VD4 等元器件组成的电路的作用是为了能使没有测量时数字表的读数为 0。当测定稳压管时，插口上的稳压管的电压小于 30V，稳压管 VD4 不被击穿，三极管 VT3 为截止状态，稳压电压通过 R3 加到数字表上（由于 R3 的阻值相对数字表的内阻值小得多，不影响表的读数）。当不测量稳压管时，插口上稳压管的电压达到 40V，稳压管 VD4 击穿，三极管 VT3 处于饱和状态，40V 的电压全部加到 R3 上，数字表的显示为 0。

同时另一路 9V 电压经过二极管 VD1 的整流，电容 C2 的滤波后加到稳压集成电路 LM7805 上，并输出 5V 的稳定电压作为数字表的电源。

元件选择

变压器 T 选用 3W 的型号。电容 C1、C4 选用 200μF 50V 的电解电容器。二极管全部使用型号为 1N4007 的。场效应管 VT1、VT2 选用 2SK363，其中 VT1 的 $I_{DSS}>$ 5mA。VT2 的 $I_{DSS}>$ 20mA。稳压集成电路 IC 选用 LM7805 或 AN7805。稳压管 VD4 选用 38V 0.5W 的。如果找不到 38V 的稳压管，也可以用 33V 和 5V 稳压管串联代替。三极管用 9011，β 为 100 ～ 150。电压表头选用 ICL7107 芯片制成的 LED 数字电压表头。外观如图 7-10（a）、（b）所示（正反面）。开关 S 用 1×2 的拨动开关。测量插口用旧电视机的引线插口代替。

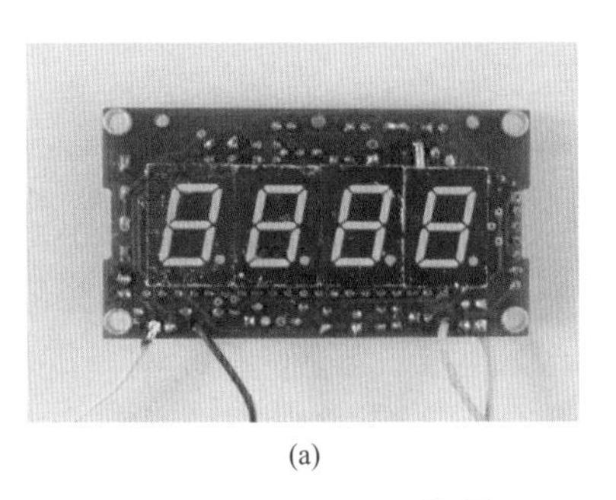
(a)

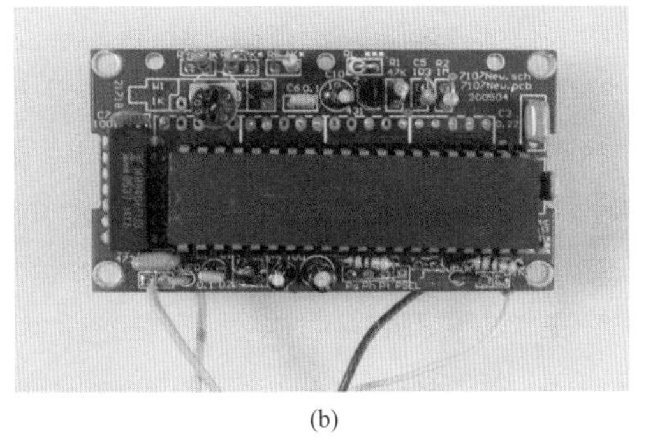
(b)

◎ 图 7-10　LED 数字电压表头外观

制作与调试

首先要对变压器进行改制。方法是将变压器的铁芯拆开，用 0.23mm 的漆包线在低压线圈骨架上再绕 190 匝组成 9V 的线圈，再重新装好铁芯。

接着按图 7-11 制作一块电路板。场效应管和稳压集成电路的引脚排列如图 7-12 所示。制作好的电路板如图 7-13 所示。

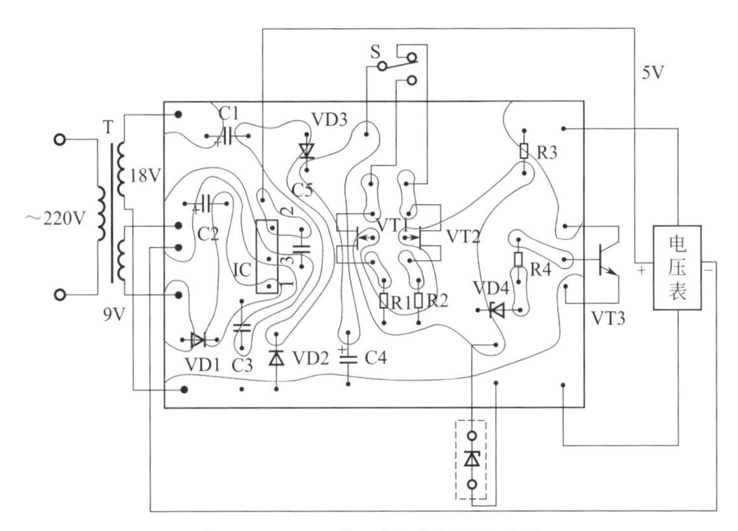

◎ 图 7-11　稳压管测试器电路板

元件焊接无误后，接好导线（暂不接电压表头）。测 IC 的 2、3 脚电压是否为 5V，如不是 5V 要检查引脚焊接是否有误。再测电容 C4 两端电压应为 40 ～ 50V 之间。将开关 S 打到触点 1，接着用 100Ω 的电位器代替电阻 R1，不接测试稳压管调整并测插口上的电流为 5mA，确定电位器的阻值后用固定电阻焊上。同样方法将另一路电流调在 20mA，然后在不接测试稳压管时，测 VT3 的集射极电压应该为 0V。接测试稳压管时，

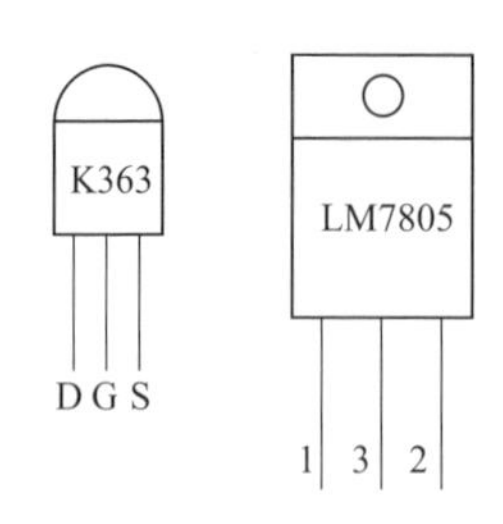

◎ 图 7-12　场效应管和稳压集成电路引脚

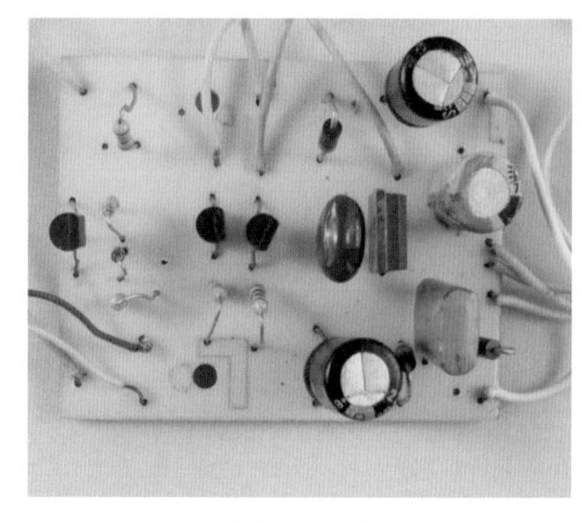

◎ 图 7-13　制作好的电路板

集射极电压要和测试稳压管的电压一样（用数字表测）。正常后，接上数字表头。

最后，找一个塑料外壳或制作一个三合板外壳将电路板、变压器固定在盒内的底板上，把开关用小螺钉固定在外壳的一侧，将测试插口、表头固定在面板上，这样测试器即制作完成。如图 7-14 所示。

◎ 图 7-14　制作完成的测试器

4　室内外双显温度计

目前比较常用的温度计为数字温度计，但普遍只能测一种温度。随着人们生活水平的提高，更需要能测多种温度的温度计。如测居室的内外温度、小车的内外温度以及动车的内外温度等。这里介绍的就是一种同时测定室内室外温度的数字温度计，它利用 1602 显示屏两行来同时显示室内外温度，具有测温快速、直观的特点。

硬件电路

(1) DS18B20 温度传感器

DS18B20 内部由 4 个部分组成：64 位 ROM、温度传感器、高速暂存器、上下限报警触发器 TH 和 TL。它的引脚排列如图 7-15 所示。

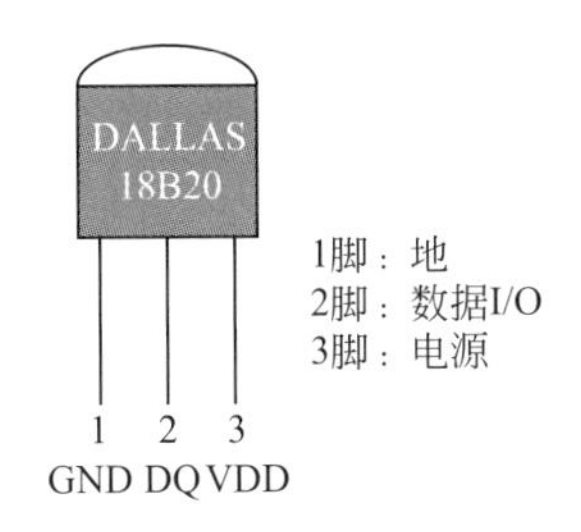

图 7-15 DS18B20 外观及引脚功能

DS18B20 的工作时序图如图 7-16 所示。可以看出它与单片机之间的接口协议是通过严格的时序信号来完成的。每次传送数据和指令时，都包含有初始化信号，写 0、1 信号和读 0、1 信号。在软件设计中，必须保证指令执行时间符合时序信号的要求。

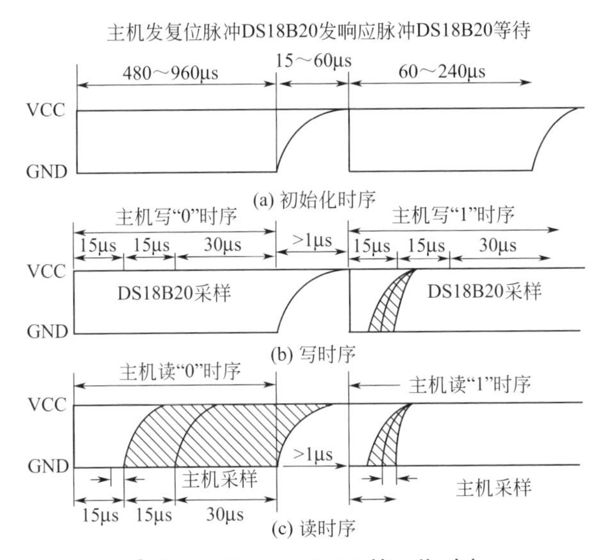

图 7-16 DS18B20 的工作时序

电路图如图 7-17 所示。工作时，IC1 和 IC2 中的传感器把测得的温度转换成数字信号传到单片机 IC3，单片机通过数值转换后，再调用相应的显示程序驱动显示器件 IC4，把温度值显示出来。IC1、IC2 中的两个传感器是将室内外温度转换成十六进制，占两个字节的数字信号。IC1、IC2 的 I/O 口分别接单片机的 P3.6 和 P3.7 口，避免单口测定 DS18B20 序列号的麻烦。

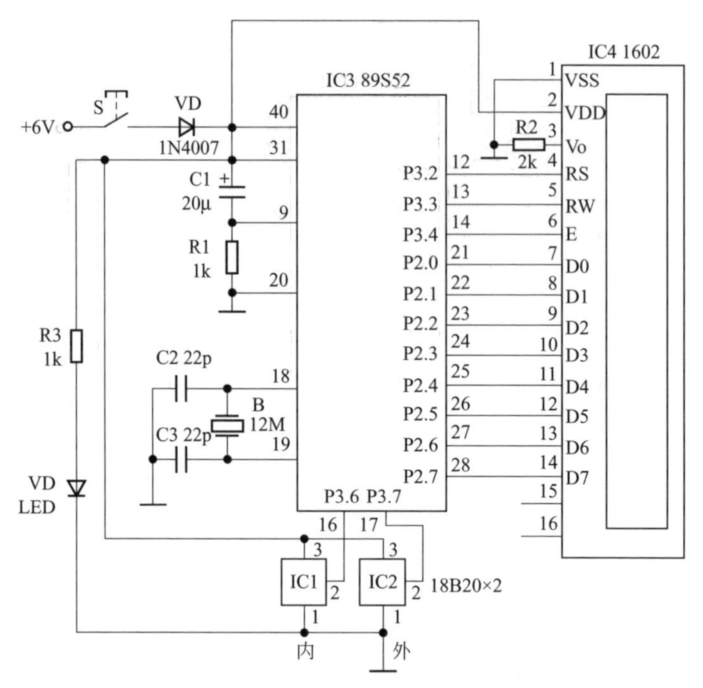

◎图 7-17　双显温度计电路图

单片机 IC3 采用 ATMAL 公司的低电压，高性能 CMOS8 位单片机 89S52，它内含有 4KB 的可反复擦写的 FLASH 程序存储器和 128×8B 的随机数据存储器 RAM，是目前使用比较多的型号。

（2）LCD1602 显示屏

LCD1602 是一种用 5×7 点阵来显示字符的液晶显示器，它的耗电较小，约 2mA。显示的内容容量为 16×2 个字（字母和符号），共有 16 只脚。其中，1 脚为电源地，2 脚 5V 正电源，3 脚为对比度调节端，在这里接一号 1kΩ 电阻到地，7 ～ 14 脚为双向数据口，15 和 16 为背光电源正负段（这里不用），4 ～ 6 脚分别为 RS、RW 和 E。液晶模块内部控制器有八条控制指令，表现为 1602 的 10 个端口高低电平的不同，即不同的高低电平配对不同的指令。要显示的内容可以直接由 1602 内部字符发生存储器（CGROM）调用。

（3）硬件电路结构

它由 89S52 单片机、2 只温度传感器以及 LCD1602 显示屏构成。

电路采用 6V 的干电池供电，整机用电约 15mA。电源电压经二极管 VD 降压后为电路提供 5V 的电压。为了节约用电这里接有开关 S，节约用电最好方式是白天打开 S，晚上关闭 S，使电池能间歇工作，延长电池寿命。C1 和 R1 组成复位电路，每次使用前让单片机复位。C2、C3 和 Y 为振荡电路，晶振为 12MHz。

单片机 IC33 的 P3.2、P3.3、P3.4 接口分别提 U4 的 RS、RW、E 接口，由于这些

接口用于定义寄存器、信号读写以及是否执行指令等，故不能接错。单片机的数据接口P2.0 ～ P2.7 与 IC4 的 D0 ～ D7 连接，主要用于传送显示的数据和各种指令。

软件设计

本电路用单片机的两个 I/O 口控制 2 个 DS18B20 传感器。单片机对液晶屏 1602 进行初始化，并进行读写操作，最后将数据转换为十进制数送到 P2 口显示屏显示出内外温度值。软件的主流程图如图 7-18 所示。

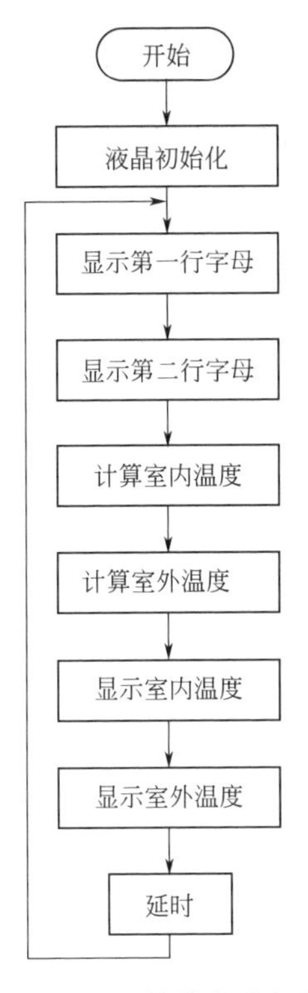

图 7-18　软件主流程图

为了显示的温度值稳定，显示字母（out、in、℃）和温度（如 +025.5℃）的程序独立执行，互相不干扰。因此，它调用的子程序相对较长。由于要显示两种温度，如 DS18B20 的初始化、精度设置、显示地址、读写等程序都要执行 2 次，子程序相对较多，只有十六进制数转化为十进制数是执行一次。

由于 1602 字符库无“℃”的符号，作者对字符库中所有字符进行查找（包括英文字母大小写、常用符号、日文假名），发现其中日文假名中“ロ”（日文）很接近“℃”中的“◦ ”，于是将“ロ”（日文）加上“C”即成符号“℃”，这样就避免单独编程的麻烦。

该温度计设计精度为 ±0.5℃，分辨率在 0.5℃，可以显示 −55 ～ +125℃的温度值。

温度计的软件（汇编语言编写）可以参看附录。

硬件制作

图 7-19 为电路板图，可以看出使用的元器件还是比较少的。

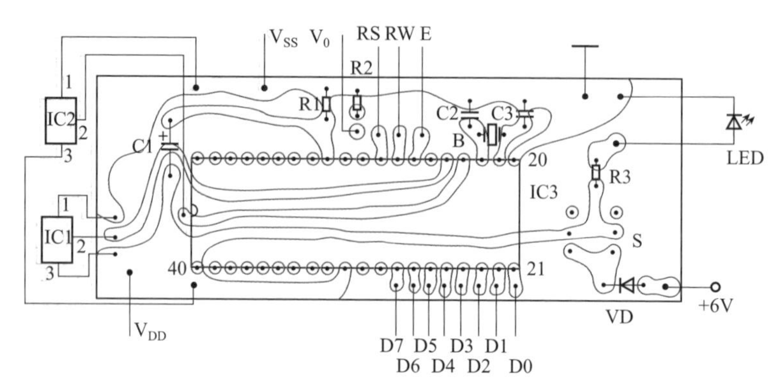

◎ 图 7-19 双显温度计电路板

1602 显示屏直接装在外壳上，这样可以减小电路板，制作起来更方便。电路板和 1602 显示屏的连接可以使用软线，电池盒可以安装在塑料外壳后盖的内部或者背后，LED 发光管安装在外壳的面板上。

元件中，内温传感器 IC1 装在电路板的外侧，外温传感器 IC2 用 1m 长不同颜色三绞线，一端焊在传感器 DS18B20 上，另一端焊在电路板上，并用热缩管套住 DS18B20 防水，如图 7-20 所示。安装单片机 IC3 需要有一个 40 脚的双排底座焊在电路板上，这样便于烧写单片机时的插拔。开关 S 用小型按钮开关，上面套上按钮套，这样开关更方便，并安装在面板上。

元件和连线焊接完成后，需要检查一遍看焊接是否有错误，无错误后通电即能工作，无需调试，通电后 LCD1602 显示的效果如图 7-21 所示。

如有条件再找一个塑料外壳将电路板装入固定，塑料壳需要开一个开关孔，并且塑料靠传感器 IC1 的一侧再开一些小孔，便于 DS18B20 对环境温度的接收。带塑料壳的

◎ 图 7-20 传感器装置示意图

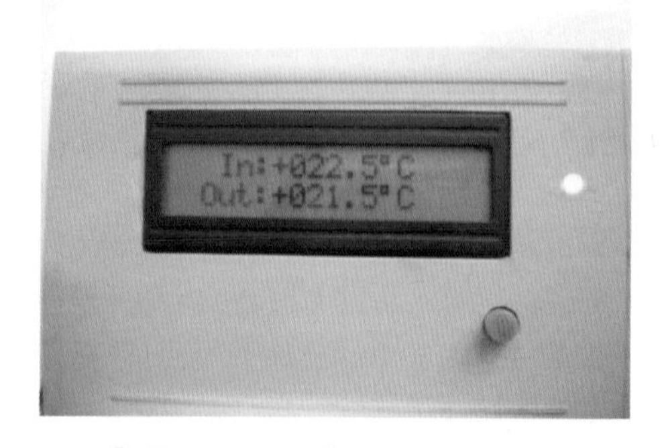

◎ 图 7-21 通电后显示屏效果图

双显温度计如图 7-22 所示。实际使用时，把室外传感器 IC2 装在窗外不靠墙，并且阳光不会直射到的地方即可。

图 7-22 带塑料壳的双显温度计

5 电池电量测试器

现在家中的小电器多，难免要使用到各种各样的电池。但怎样判断电池的电量呢？这里介绍一种电池电量测试器的制作，可以用它来测量 5 号和 7 号干电池的电量状态，如电量足、电量一般、无电三种状态。另外，也可以用来测 3V 纽扣电池的电量。

工作原理

有些干电池由于某些原因，使用一段时间后内阻会变大。所以，测试器有必要在被测电池两端接一只电阻，让它在放电状态下进行测量，这里使 5 号电池放电电流在 60mA 左右，7 号电池放电电流在 30mA 左右。为了不影响其他电池的测量，还必须加隔离电路，图 7-23 是这种电路的电路图。

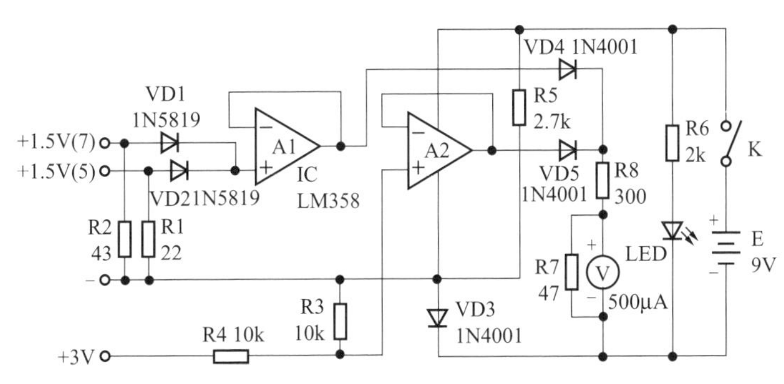

图 7-23 电池电量测试器电路图

隔离电路的核心元件是LM358，它是双运集成电路，把它接成电压跟随器的形式。当输入电压为 U_i 时，输出端电压 $U_o=U_i$，即输出电压等于输入电压。

把被测5号干电池接入测试器+1.5V（5）和负接线端时，电池通过电阻R1放电，放电电流约60mA（根据干电池的电压不同而变化）。同时，电压加到电压跟随器A1的正输入端。那么，输出端电压和输入端电压相同，电压通过二极管VD4又加到电压表V上。由于电流流过二极管VD2要产生约0.6V的电压，这将使电压表电压偏低，为了抵消这个误差，在双运放集成电路的负极接一只二极管VD3，让电流通过电阻R5再流过二极管VD3，使二极管VD3也产生相同的电压，这样就提高了跟随器A1输出端对电池E负极的电压，抵消了VD4压降带来的误差。同样，测量7号干电池的电量时，原理相似。当要测量3V纽扣电池时，电池接+3V和负接线端。3V电压通过R3和R4的分压把电池电压变为一半，再加到A2的正接线端，这时虽然电压表电压是被测电池电压一半，但同样可以测定电量情况。

电路中，二极管VD1、VD2是输入端隔离二极管，防止测量的放电电流经过另一个电阻。二极管VD4、VD5是电压跟随器A1和A2的隔离二极管，防止测量时，电流流入另一跟随器的输出端，使测量带来误差。电阻R5为电压平衡电阻，作用是让二极管VD3流过的电流与VD4、VD5一致。发光管LED用来进行工作指示。

元件选择

集成电路IC使用LM358。电阻除R1用0.5W碳膜电阻外，其他全部使用1/8W碳膜电阻。二极管VD1、VD2使用1N5819，二极管VD3 ～ VD5使用1N4001。发光管LED用直径3mm的红色发光管。K使用1×2的小型拨动开关。电池使用9V叠层电池，要求配电池扣，否则无法连接。表头V使用500μA的小表头。5号和7号电池盒使用单节弹片的，纽扣电池夹使用不锈钢夹的。

制作与调试

按照图7-24电路板图制作一块电路板。电阻R7直接焊在表头上，制作完成的电路板如图7-25所示。

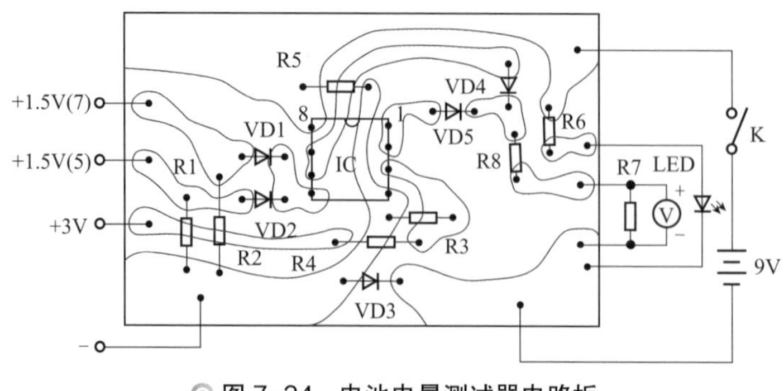

图7-24　电池电量测试器电路板

元件焊接无误后，找一个小塑料外壳，把发光管固定在钻孔后的外壳面板上。把开关 K 装在外壳的左侧，表头安装在上盖的上侧，9V 电池装在壳内用双面胶纸固定好。把 5 号电池盒、7 号电池盒和纽扣电池夹固定在外壳的面板上。用细导线根据电路图连接好电路，检查接线无误后，无须调试就能工作。

测试电池电量时，把被测电池放入外壳电池盒中，打开开关 K，指示灯亮，同时，电压表指针指示电池电量。使用完断开开关既可。为使测量比较直观，可以在表头内面板贴上电量足、电量一般、无电三种状态的标记纸。1.4 ～ 1.5V 为电量足，1 ～ 1.3V 为电量一般，0 ～ 1V 为电量不足。该测试器耗电较少（不包括放电电流），笔者制作的电池电量测试器整体外观如图 7-26 所示。

◎ 图 7-25　制作完成的电路板

◎ 图 7-26　电池电量测试器整体外观图

6 自制单片机用 5V 开关电源

现在很多单片机电路使用变压器降压，并用 7805 稳压块稳压后得到 5V 的电压作为电源。这种电源效率低，体积大、重量大。于是，笔者参考手机充电器电路，制作出输出 5V 的开关电源，供常用的单片机电路作电源使用。

工作原理

(1) 自激振荡电路

如图 7-27 所示。

220V 的市电经 R1 后再经二极管 VD1 ～ VD4 桥式整流，由 C1 滤波输出约 300V 的直流电压。一路经 R2 加到三极管 Q1 的基极，另一路经变压器 T 的初级线圈 L1 加到 Q1 的集电极，Q1 进入微导通状态。这时，L1 产生上正下负的感应电动势，同时使得反

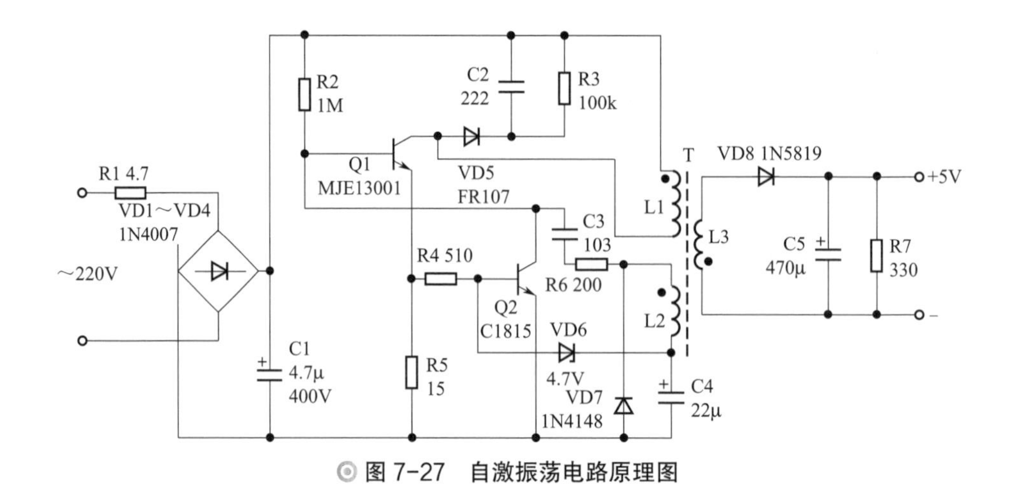

◎ 图 7-27　自激振荡电路原理图

馈线圈 L2 也产生上正下负的电动势。这个电动势加在 R6、C3、Q1 的 b-e 极、R5 和 C4 组成的电路上形成电流，并使三极管 Q1 迅速进入饱和状态。随着 C3 的充电，Q1 的基极电压不断下降，直到 Q1 退出饱和状态。这时，流过 L1 的电流减小，L2 感应电动势变为下正上负，并在 C3 和 R6 的使用下，Q1 迅速退至截止状态。这时，300V 直流电压经 R2、R6、L2、C4 对 C3 充电，C3 上端电压不断上升，当上升到一定值时，在 R2 的作用下，Q1 再次导通，重复上述过程，形成振荡。该振荡电路振荡频率约为 100kHz，脉冲占空比约为 1/4。

（2）输出和稳压电路

在 Q1 导通期间，L3 感应的电动势为上负下正，VD8 不导通。而 Q1 截止期间，L3 感应的电动势变为上正下负，VD8 导通。输出的电压经 C5 滤波后输出 5V 的直流电压。稳压管 VD6 和三极管 Q2 等元件组成稳压电路。如输入电压升高，则 L2 感应电动势也将升高，经 VD7 整流、C4 滤波后的电压将升高。由于稳压管 VD6 两端电压保持在 4.7V，则 Q2 的基极电压将升高，Q2 导通加深，拉低 Q1 基极对地电压，Q1 提前截止，输出电压回落。如输入电压降低，稳压过程和上述相反。另外，R4、R5 和 Q2 还组成过流保护电路。如流过 Q1 集电极的电流过大，R5 电压上升，Q2 导通，Q1 提前截止，进而达到保护 Q1 的目的。

二极管 VD5、电容 C2、电阻 R3 和 R7 构成两路能量释放电路，避免高电压击穿三极管 Q1。R1 用于防止电路故障时，故障的进一步扩大。

元件选择

电阻 R1 使用 4.7Ω 1W 的型号。电解电容 C1 使用 4.7μF 400V。瓷片电容 C2 使用 222pF 1kV。稳压二极管 VD6 使用 4.7V 0.5W。二极管 VD5 使用 FR107。二极管 VD8 使用 1N5819。开关管 Q1 使用 MJE13001，β 约为 15。放大管 Q2 使用 C1815，β 约为 200。开关变压器 T 使用 EE-10 磁芯。其他元件无特殊要求。

制作与调试

首先进行开关变压器的制作，该开关电源最主要的制作元件是开关变压器T，选用EE-10铁氧体磁芯和相配套的骨架，如一时买不到也可以用手机万能充电器中的开关变压器磁芯。经过计算和实验，把初级线圈L1定为160匝，线径0.15mm；反馈线圈15匝，线径也是0.15mm；次级线圈为18匝，线径0.27mm。准备好材料后，可以开始绕制变压器。由于线圈匝数较少，可以使用手工绕制。先绕初级线圈（采用密绕方法），绕好的初级线圈如图7-28所示。绕完初级线圈用如图7-29所示的阻燃胶带在初级线圈外粘2～3层绝缘，再接着绕次级线圈。由于次级线圈只有18匝，可以整齐地绕一层，注意不要使线圈重叠，绕好的次级线圈如图7-30所示。完成后再粘2～3层阻燃胶带绝缘，最后绕反馈线圈。由于反馈线圈只有15匝，并且线径较小，为了取得好的效果，应该把线圈也整齐地绕一层，并集中在中间位置，绕好的反馈线圈如图7-31所示。最后，用阻燃胶带再粘1～2层，线圈即制作完成。接着再装配磁芯，为了不让磁芯磁饱和，装配磁芯时应该在其中一块E形磁芯的两个外脚上贴上一小块阻燃胶带，如图7-32所示。完成后，剪一条宽和磁芯一样的胶带将整个磁芯缠紧。为了防止磁芯松动，并用502胶水把磁芯的结合处固定住，这样开关变压器即制作完成，外形如图7-33所示。由于EE-10磁芯体积小，制作时一定要小心，否则极易损坏磁芯和骨架。同时，还要注意绕组的同名端与初次级线圈绝缘。

图7-28　绕好的初级线圈

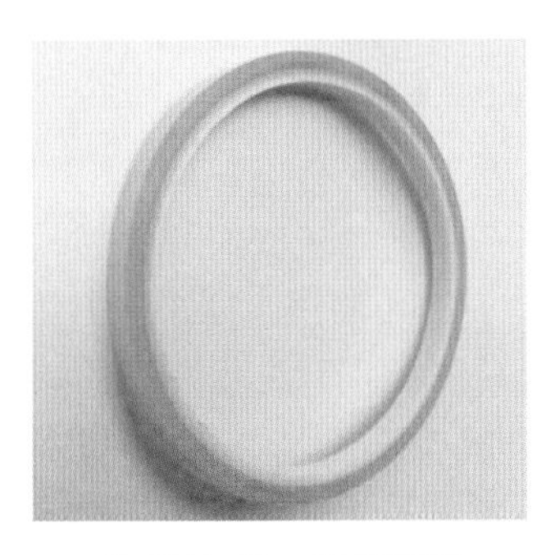

图7-29　阻燃胶带

图7-30　绕好的次级线圈

图7-31　绕好的反馈线圈

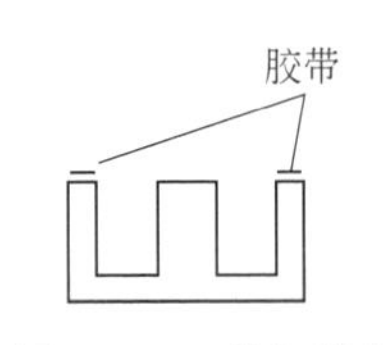

图7-32　粘阻燃胶带

图7-33　开关变压器外形

接着按图 7-34 制作一块电路板。为了减小开关电源的体积，制作的电路板应尽可能小一些。同时为了安全起见，高压部分和低压部分要分开。如图 7-35 所示是焊接好元件的电路板，可供大家制作时参考。

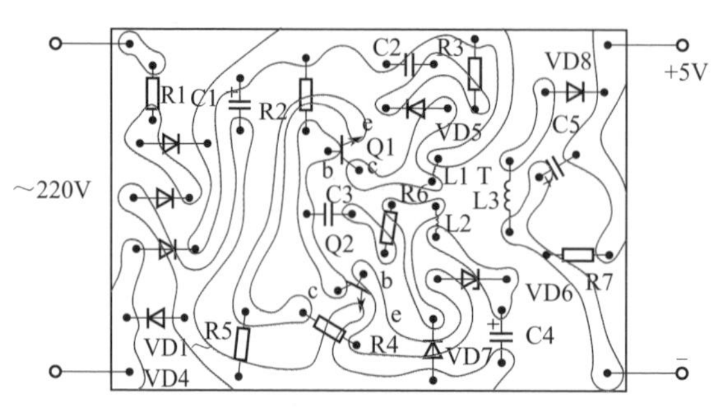

◎ 图 7-34　开关电源电路板

◎ 图 7-35　焊接好的电路板

电路板元件焊接无误后，接 220V 市电，用万用表测输出空载电压应为 5.2V 左右。然后将开关电源接 25Ω 2W 电阻（电流约 200mA），用万用表测电压降低到 4.6V 左右，说明电路工作正常。如有条件接交流调压器使输入电压在 180 ～ 240V 变化，输出电压在 4.6V 之内变化，且浮动范围不超过 0.1V，说明稳压电路工作正常。

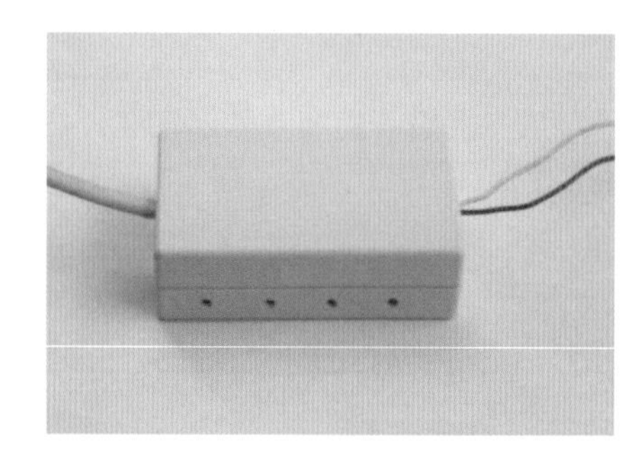

◎ 图 7-36　安装好的开关电源器

由于该开关电源有高压电路，为了安全起见一般不能和单片机电路合用一块电路板，应单独制作一个电路板，并安装在一个小塑料盒内，引出输入和输出线，如图 7-36 所示。再把输出线接到单片机电路上。另外，开关电源工作时元件有微热，这是正常现象。该开关电源空载时耗电 0.2W，输入电压在 180 ～ 240V 变化时输出电压基本不变。输出电流最大为 200mA。不足之处是负载变化时输出电压略有一些变化，并且带负载能力有限。

7　电容好坏判别器

电子爱好者在制作各种电子装置时，要对元件进行检查，电容器便是检查的对象之一。电子爱好者一般用带电容测试挡的数字万用表检查电容器，但有的爱好者没有这种数字表。如果用指针万用表检查比较麻烦，也不易做到判断正确无误。本节介绍一种不用万用表即可测量电容好坏的判别器，它电路简单，判断正确。适用于判断 1pF ～ 1μF

的各种电容好坏，如断路、轻微短路和短路等。

工作原理

电容好坏判别器的电路原理图如图 7-37 所示。

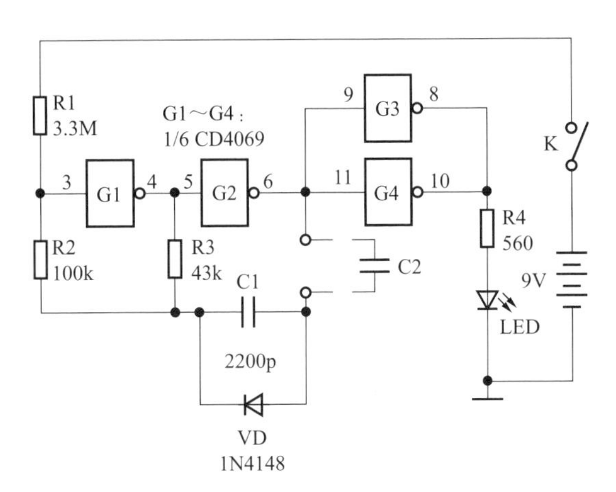

◎ 图 7-37　电容判别器电路图

由 CMOS 六反相器 CD4069 中的两个门 G1、G2 等元件组成多谐振荡器，振荡频率决定于电容 C1、C2 以及电阻 R3 的大小，一般在几千赫兹以上。当被测电容 C2 是好的时，电路产生振荡，振荡信号由门 G2 输出，经门 G3、G4 隔离后，使红色发光二极管 LED 发亮。当电容 C2 内部断路时，电路不振荡。由于偏置电阻 R1 的作用，使 G1 的两端电压有较大的差别，从而使 G2 的输出电平较高，约 6.5V。这样经门 G3、G4 后使输出为低电平，发光管不亮。当电容 C2 内部短路或轻微短路时，则门 G2 输出端的较高电平通过二极管 VD 使门 G1 的输入端为高电平，从而门 G2 输出也为高电平，门 G3、G4 输出低电平，发光管 LED 不亮。二极管 VD 是防止测试电容短路时，门 G1 可能输出的高电平通过 R3 加到 G2 的输出端，使发光管发亮而产生误判。

元件选择

CMOS 集成电路 CD4069 也可用 TC4069 来替代。电阻器均选用 1/8W 碳膜电阻。二极管 VD 用 1N4148。电容 C1 用瓷介电容。LED 用红色发光管。电池用 9V 叠层电池。

制作与调试

首先按图 7-38 制成线路板。在线路板一侧开两个长方形的孔。再用磷铜片制成图 7-39 的形状和大小，作为测试电容的插口，并装入线路板长方形孔中焊好。制作好的线路板如图 7-40 所示。

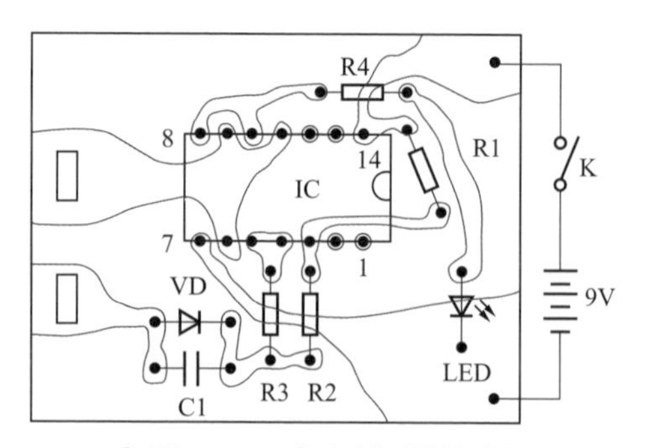

◎ 图 7-38　电容判别器线路板

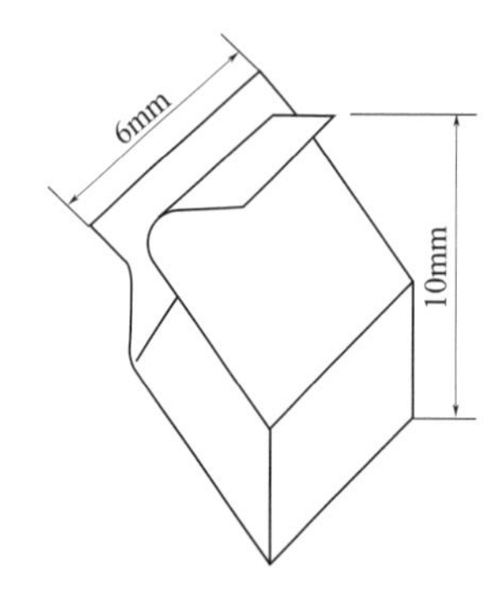

◎ 图 7-39　磷铜片形状和大小

◎ 图 7-40　制好的线路板

然后接上电源，调 R1 的阻值，使 G2 的输出端电压为 6.5V 左右，再把 R1 换固定电阻焊好。找一个好的电容插入插口，如发光管 LED 能亮，则制作完毕。

第八章 趣味电子玩具制作

1 电子风车

说到风车，大家就会联想起有风就会转的纸风车和有风会发电的机械风车。而笔者要介绍的则是有电就会“转”的电子风车。这是很有新意的制作。下面就来动手制作这样的风车。

工作原理

如图 8-1 所示。开关 K 闭合后，9V 电压首先加到时基电路 IC1 等元件组成的多谐振荡器电路，使振荡器振荡。通过调节微调电阻 RP 使频率在 2 ～ 50Hz 之间变化。脉冲信号由 IC1 的 3 脚输出加到十进制计数脉冲分配器电路 IC2 上。由于这里没有加接

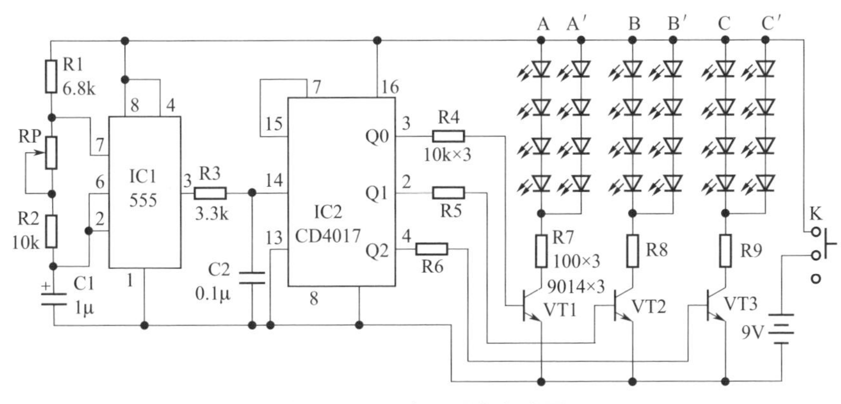

图 8-1 电子风车电路图

清零电路，高电平的输出位置是任意的。几个脉冲过后，变为Q0、Q1、Q2又到Q0、Q1、Q2这样循环输出。这是由于Q3脉冲输出时，Q3脉冲加到R端，这样就使得Q2输出后，又变为Q0开始输出脉冲。依次输出的脉冲加到VT1、VT2、VT3的NPN三极管上，使得三极管不断导通和截止，也就使得发光管组AA′、BB′、CC′依次发光，如图8-2所示。

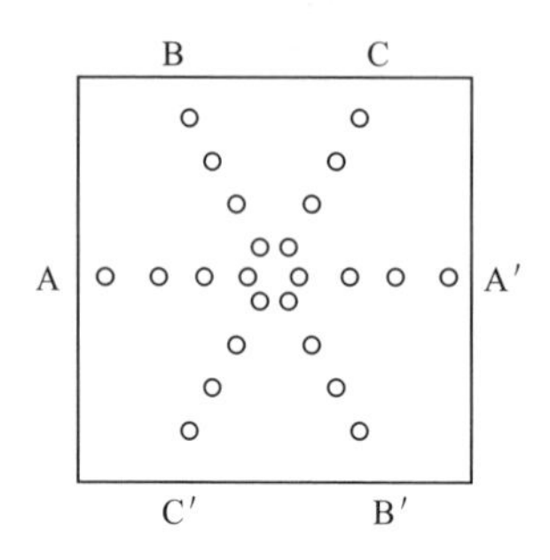

◎ 图8-2 发光管组

如风车要顺时针转动，则发光管亮的顺序是AA′、BB′、CC′。逆时针转动时，则为AA′、CC′、BB′。由于发光管的工作电压约为2V，4只串联后达到8V，故使用了9V电源，并加分压电阻R7、R8、R9。

元件选择

IC1用NE555或LM555，也可以用7555，但7555省电。IC2用CD4017或MC14017。三极管VT1～VT3用9014，β为150～250。发光管用红色ϕ3的型号。电池用9V叠层电池。开关K用1×2的拨动开关。C1用电解电容，C2用瓷片电容。微调电阻RP用卧式200kΩ的。电阻全部用1/8W。

制作与调试

制作时，先制作一块6cm×6cm，由发光管组成的风车电路板。每组发光管之间的角度为60°，发光管之间等距离排列，根据图8-3再在另一块电路板上制作电路，制作

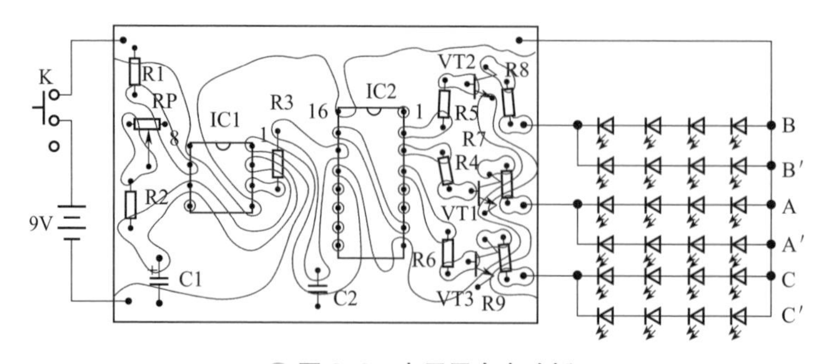

◎ 图8-3 电子风车电路板

完成的电路板如图 8-4 所示。当然也可以在电路板上同时制作电路和安装风车发光管。

然后，将发光管风车电路板每组电路串 100Ω 电阻，加 9V 电压检查发光管是否发光。如不发光，可能是有的发光管坏了或接线错。发光管焊接时要快，否则易烧坏。三组发光管正常发光后，接入电路中通电看发光管是否能正常工作。如有问题，检查的顺序是：通电测 IC1 的 3 脚是否有脉冲输出，正常后测 Q0、Q1、Q2 的任意一输出端是否定时输出脉冲（速度比较慢时）。

图 8-4 制作完成的电路板

电路正常工作后，调节微调电阻 RP，调节风车的转速。观看风车的旋转情况，最好在光线暗处。通电后，应该能看到风车转动，即发光管不断按顺序变换位置，其视觉效果，就好像发光管在转动。并且转动速度变快后，会看到转动起来形成的旋转光环。

2 激光打靶游戏机

激光武器是当今武器家族中的新秀。在这里我们用常用的元件来制作一个这样的“武器”，并且用它来进行射击游戏。

工作原理

射击游戏机由激光玩具手枪和光电靶机组成。图 8-5 是装在玩具手枪中的激光发射电路。用手扣动扳机 SB 时，其常闭触点断开，常开触点闭合。电流通过电阻 R 和激光二极管 VD 对电容 C 进行瞬时充电，激光二极管 VD 发出红色的激光束。当射击完成后，常开触点断开，常闭触点闭合，电容 C 通过常闭触点放电，为下次射击做准备。

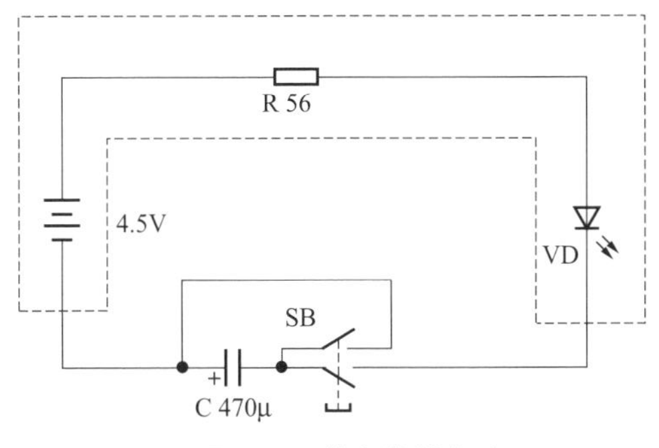

图 8-5 激光发射电路

图 8-6 是光电靶机原理图。

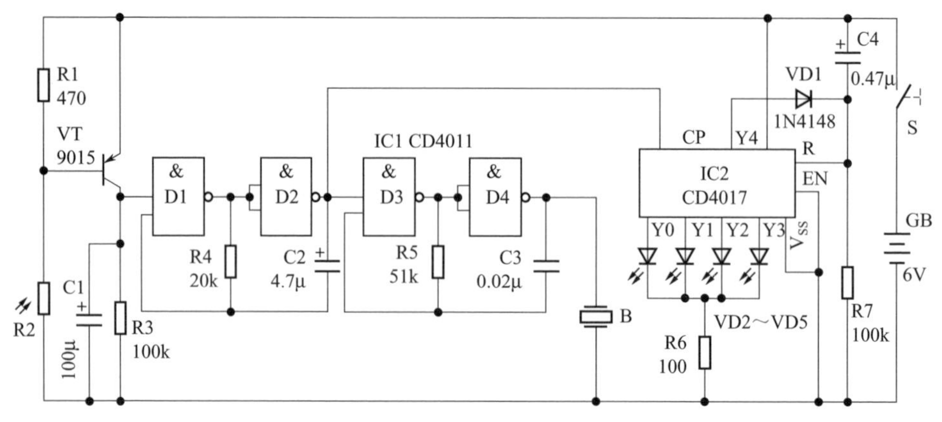

◎ 图 8-6　光电靶机原理图

IC1 是与非门集成电路 CD4011，其中 D1 和 D2 构成一个低频多谐振荡器，D3 和 D4 构成另一个低频振荡器。合上开关 S，当激光玩具枪击中靶机时，光敏电阻 R2 电阻变小，三极管 VT 导通，门 D1 的一个输入端由低电平变为高电平。同时，电源电流通过三极管 VT 对电容 C1 充电。电路开始振荡，由门 D2 输出方波信号加到 IC2 集成电路 CD4017 的 CP 端，使输出端 Y0 ～ Y3 依次输出高电平。当输出端 Y4 为高电平时，高电平通过二极管 VD1 加到 R 端使之清零，又使 Y0 为高电平。如此循环，就使得装在靶机面板上的四只发光管 VD2 ～ VD5 依次发光，形成缓慢变化的光环。同时，当门 D2 输出高电平时，D3 和 D4 组成的振荡器振荡使压电片 B 发出嘟嘟的声音。直到电容 C1 的电放完，D1 的一个输入端为低电平，门 D1 和 D2 构成的振荡器停止振荡为止。

元件选择

激光笔选用市售塑料外壳玩具激光笔。按动开关 SB 用带有常开触点和常闭触点的型号。三极管 VT 选用 9015，β 为 150 ～ 200。IC1 用四二输入与非门 CD4011。IC2 用十进制计数器 / 脉冲分配器 CD4017。发光管 VD2 ～ VD5 用红色 ϕ3mm 的。压电片 B 用 ϕ27mm。光敏电阻 R2 用亮阻小于 3kΩ，暗阻大于 1MΩ 的型号。开关 S 用纽扣开关。电池用 4 节 5 号电池。

制作与调试

在激光笔中引出两条导线，可用小圆形敷铜板叠放在纽扣电池上进行改制。将激光笔装在玩具枪的内部前端。钮子开关装在扳机连杆的下方并用 AB 胶固定，内部再焊上电容。要求扣动板机时，能发出激光，随即熄灭即可。

靶机的制作方法：取 85mm×40mm 覆铜板一块按图 8-7 制成线路板后，焊接元件。焊接完成的线路板如图 8-8 所示，检查元件焊接无误后，一般无须调试即能工作。然后，找一个四方形的塑料外壳，在面板中间挖一个小孔将光敏电阻装上并粘牢。再把四只发光管等距离排列并固定在面板上。把压电片装上共鸣腔也装在面板上，并在面板上开一些小孔便于传声。把电池盒和线路板固定在塑料外壳内。外形如图 8-9 所示。

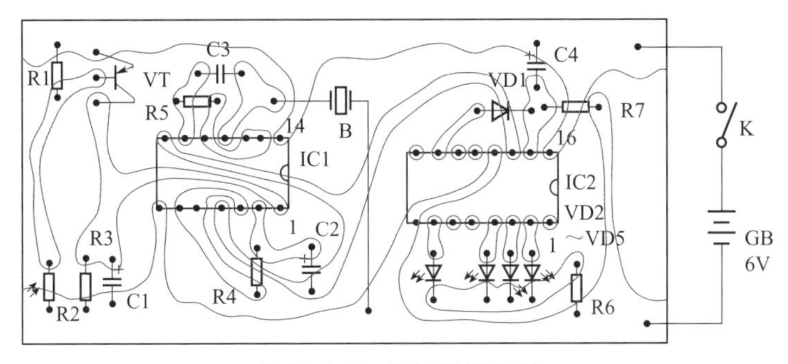

图 8-7　靶机的线路板

图 8-8　焊接完成的线路板

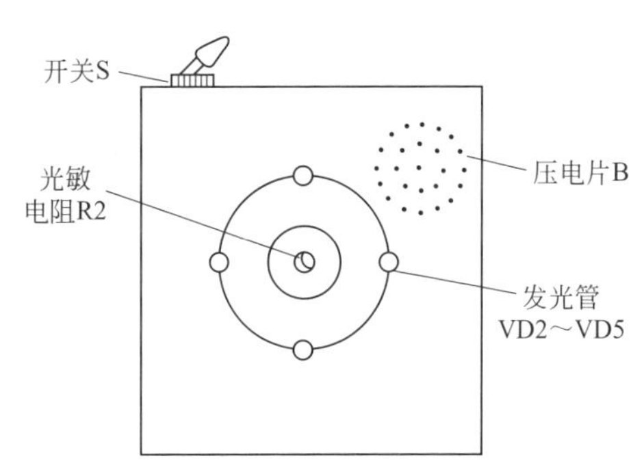

图 8-9　靶机外形

使用时，用激光玩具枪瞄准并扣动扳机射击，击中时发出响声并显现光环。一段时间射击熟练之后，可逐步增加射击距离。

3 触摸电子琴

现在的电子琴大都使用按键发音。笔者尝试用触摸的方式发音，取得较好的效果。触摸发音能使演奏轻松自如，减少机械杂音，很适合制作玩具电子琴。这里介绍一种触摸电子琴的制作方法。

工作原理

工作原理图如图 8-10 所示。由四二输入与非门 TC4011 的两个门 G1 和 G2 及 R1、R2、RP 和 C1 构成占空比可调的多谐振荡器。振荡频率约 40kHz。由门 G3 和 G4 构成触发电路，当人的手指没有触摸触摸片 S1 时，G3 的输入端加的是高低变化的电平。同样，输出端也为高低变化的电平，如为高电平则经过 VD4 对 C2 充电，如为低电平则 C2 两端电压基本不变。这样，就使得 G4 的输入端为高电平，输出端为低电平，由 VT1 和 VT2 等元件组成的音频振荡器不工作。当人的手指触摸触摸片 S 时，人体和电源负极形成一个电容。当 G2 输出高电平时，高电平通过人体电容充电，使 G3 的输入端始终为高电平，输出端为低电平。这时 G4 的输出端为高电平，音频振荡器工作，扬声器 Y 发出相应音阶的悦耳声音。

VD3 和 R3 的作用是当人不触摸 S 时，把 G3 输入端的电荷通过它们放走，而 VD5 和 R4 的作用是当人触摸 S 时，把电容 C2 上的电荷放走，使电路能正常工作，其他 12 个单元电路原理和上述相似。电阻 R29 到 R41 为音阶电阻，不同的阻值，可产生不同的振荡频率，从而有不同的音阶。音阶电阻阻值为 $R29=24\text{k}\Omega$，$R30=21\text{k}\Omega$，$R31=17\text{k}\Omega$，$R32=15\text{k}\Omega$，$R33=12\text{k}\Omega$，$R34=9.2\text{k}\Omega$，$R35=8.8\text{k}\Omega$，$R36=6.9\text{k}\Omega$，$R37=4.3\text{k}\Omega$，$R38=2.5\text{k}\Omega$，$R39=2\text{k}\Omega$，$R40=810\Omega$，$R41=0\Omega$。

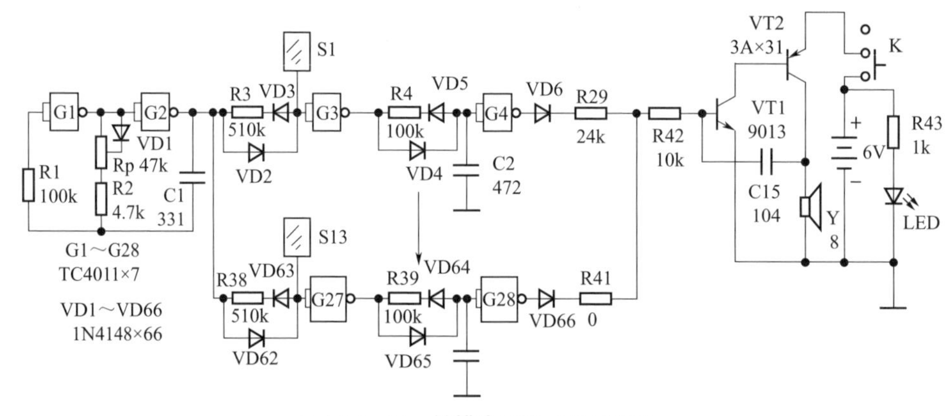

◎ 图 8-10　触摸电子琴工作原理图

元件选择

与非门电路 G1 ～ G28 用 7 只数字电路集成块 TC4011（每只 TC4011 中有 4 个相互独立的与非门电路，它们的输入端并联，组成非门电路）。集成块除可选用 TC4011 外，还可以选用 CD4011，但必须一致，即要么 7 只都用 TC4011，要么 7 只都用 CD4011。二极管 VD1 ～ VD66 用 1N4148，电容全部用瓷片电容，电阻全部用 1/8W 的碳膜电阻。RP 用 47kΩ 的立式微调电阻。三极管 VT1 用 9013，β 为 120 左右。VT2 用锗三极管 3A×31，$\beta>100$。扬声器 Y 用 0.5W 8Ω。电源由 4 只 5 号电池提供。开关用 2×2 的拨动开关。

制作与调试

先根据电路图 8-11 用 23cm×9cm 的覆铜板制成电路板，触摸键 S1 ～ S13 直接设计在电路板上，腐蚀、钻孔后焊接元件。可以先焊上集成块，再焊其他元件，并且所有的元件都焊在有铜箔的那一面。制作完成调试时，可触摸触摸片 S，如声音不太均匀有杂音、无声等，可调微调电阻 RP 直到满意。如果触摸触摸片，有的有声音，有的没有声音，说明选用的集成电路有问题，必须更换。挑选音阶电阻时，如找不到相同阻值的电阻可用两只电阻串联代替。

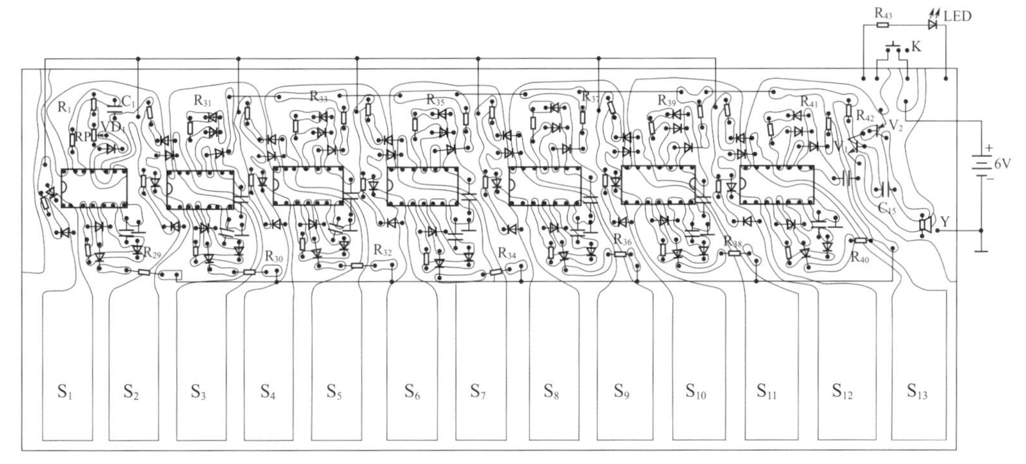

图 8-11　触摸电子琴电路板

最后，用和电路板大小一样的覆铜板为触摸电子琴制作一个底座，将电池和喇叭安装在底座上。用铁皮制作一个盖子，将开关和 LED 指示灯安装在盖子上。安装好的触摸电子琴如图 8-12 所示，外观如图 8-13 所示。

该电子琴有 13 只触摸键，音阶从低音“唆”到高音“咪”。另外，该电子琴尽量不要放在电器多的环境中演奏，以免受到干扰。演奏该电子琴时，可以按一般演

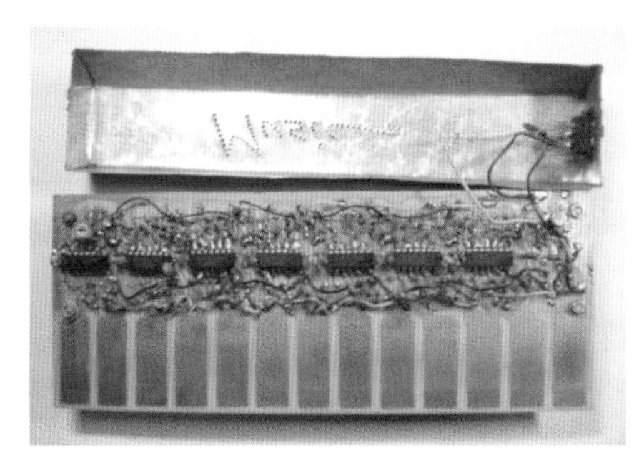

图 8-12　安装好的触摸电子琴

图 8-13　触摸电子琴外观

奏电子琴的方法进行演奏，特别注意手指的位置，当不发音时，需抬起手指一定的高度。

4 无刷电动机模型

无刷电动机就是没有电刷的电动机。如果想了解这种电动机就自己动手制作一个无刷电动机的模型吧。

元件选择

三极管9013，β为200～250，2只。1/8W 2.7kΩ的电阻2只。二极管IN4001的1只。霍尔开关元件，型号为UGN3040，1只。电解电容器3.3μF 16V，1只。5cm×6.5cm的覆铜板1块。

有一对NS极的圆环形磁铁，直径2.3mm，1块。直径2mm长40mm的钢轴1条。直径20mm的小塑料圆块1粒，可用塑料象棋子代替。7cm×5cm×1.5mm的环氧板1块。直径0.15mm的漆包线，罐头铁皮和镀锌铁皮若干。

制作与调试

(1)线路板制作

先按图8-14腐蚀好线路板。将中间部分用小电钻钻出轮廓后挖去，并用锉刀把边缘锉光滑，将电子元件焊上，霍尔开关元件引脚如图8-15所示，焊接时不能焊错。

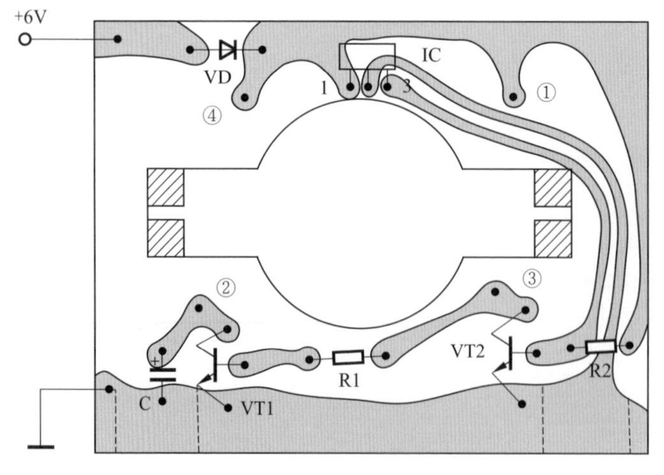

图8-14　无刷电动机线路板

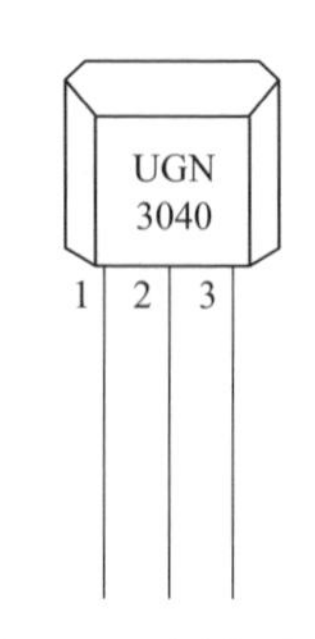

图8-15　霍尔开关元件

（2）磁极的制作

用罐头铁皮剪成宽 1cm 长 2.2cm 的 4 片，并折成图 8-16 的形状。再用 1cm 宽的铁皮剪 2 片长 1.2cm 的小铁皮。将折好的 2 片铁片中间放 1 块小铁片，用牛皮纸在外面包 2 层，然后绕线圈。采用两线并绕的方法，如图 8-17 先在左边磁极上绕 150 圈，然后方向不变在右边磁极上再绕 150 圈，注意绕制时不要使漆包线碰到铁皮，这样就有了 4 根线头。将两磁极嵌入线路板的槽中，把铁皮头部和线路板焊接并接上线头。

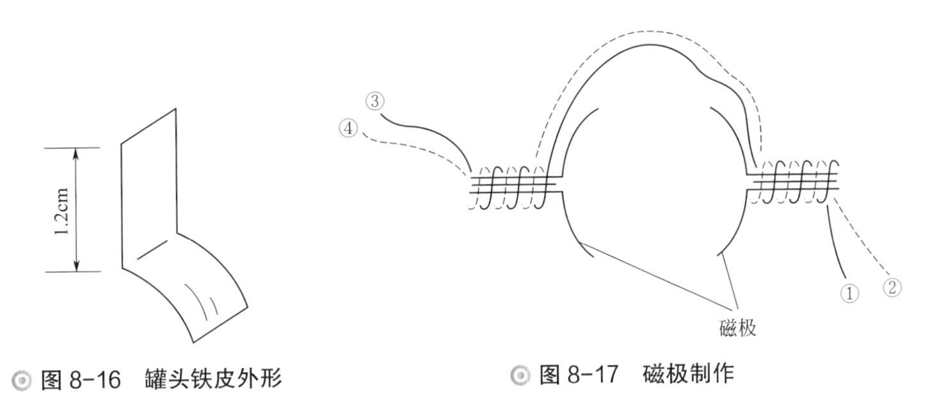

图 8-16　罐头铁皮外形

图 8-17　磁极制作

（3）转子制作

将圆环磁铁中间装入塑料圆块，再用万能胶粘住，在中间钻出 2mm 的圆孔，涂上万能胶，将轴从中间穿入并在两边套上轴套，调整好等胶干后即可。

（4）支架制作

用镀锌铁皮剪成图 8-18 的形状并弯折，在上方钻出直径为 2mm 的圆孔，下方钻出 3mm 的固定孔，共做 2 片。

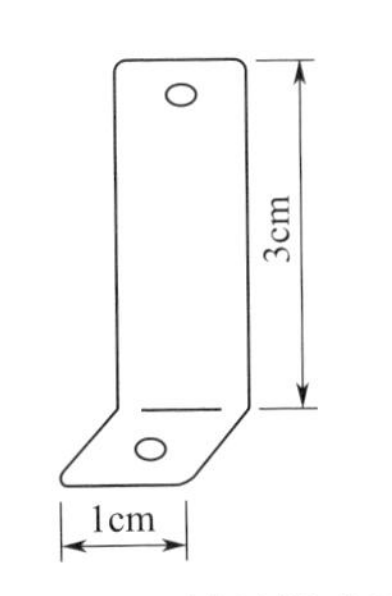

图 8-18　镀锌铁皮形状

（5）装配

用 1cm 宽的罐头铁皮 2 片折成直角，下方钻出 3mm 的固定孔，上端焊在线路板的虚线处，另一端用 $\phi 3$ 螺钉固定在环氧板上，再用 $\phi 3$ 螺钉在线路板的两侧固定上支架，并装上转子，调整使转子灵活转动。全部安装完毕，接在 4.5 ～ 6V 的直流电源上，只要用手启动一下转子，电动就会转动起来。如不转动，应检查线圈是否碰到铁片，霍尔开关元件是否已靠近转子，三极管集电极和发射极是否接反。

工作原理

如图 8-19 所示。

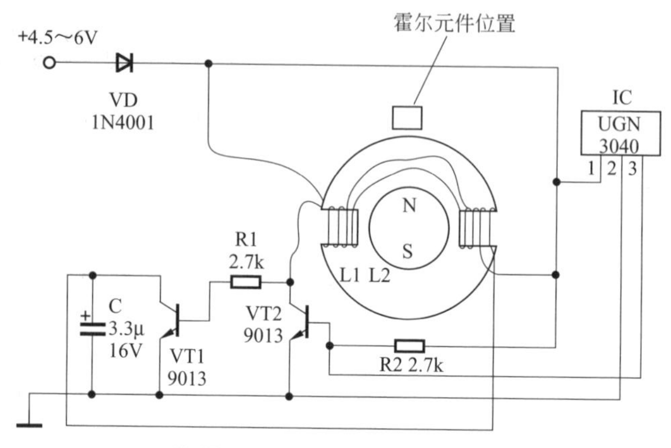

◎图 8-19 无刷电动机原理图

6V 直流电通过二极管 VD 后，由于转子中某一磁极的作用，使霍尔开关元件 IC 的 3 脚输出低电平，于是电流通过 R2 流经 IC 的 2 脚入地，三极管 VT2 截止。另一路电流经过其中一组线圈 L2（电流很小）、R1 到三极管 VT1 的基极，使 VT1 导通，另一组线圈 L1 中有电流通过。两磁极有了磁性，使转子转过一定的角度。这时靠近霍尔开关元件的转子磁极极性发生了变化，使 IC 的 3 脚变为高电平，电流通过 VT2 的基极，使 VT2 导通，线圈 L2 中有电流通过，R1 中没有电流通过，VT1 截止。由于 L2 电流流动方向和 L1 相反，磁极的极性发生了变化，使转子继续转动一个角度。如此反复就使电动机不断转动下去。其中，电容器 C 用来消除电路中的寄生振荡，二极管 VD 用于防止正负极接反损坏元件。该电动机模型 6V 时耗电约 250mA。电动机模型实物如图 8-20 所示。

◎图 8-20 电动机模型实物

5 电子转盘

电子转盘使用在娱乐或抽奖活动中，当用手指按压时，盘面会出现光点的移动，并从对应的光点可以看到所对应的数字，模拟转盘的转动。

工作原理

电路图如图 8-21 所示。由时基电路 IC1 等元件组成自激多谐振荡器。振荡时由 3 脚输出触发脉冲去触发后级电路，振荡的频率由 R2、R3 和 C2 决定，R4 和 C3 用来防止误动作。压电片 B、三极管 VT、电阻 R1 和 C1 组成振荡延时电路，按压压电片 B 时，压电片会产生一定的电流流入三极管的 b-e 极，使三极管的 b-e 极电阻变小。C1、V 和 R1 相当于一个 RC 充放电电路，手指的压力越大，则 b-e 极电阻越小，冲入 C1 的电流变大，退出 IC1 的 4 脚 0.4V 复位电压时间变长，IC1 振荡电路的振荡时间也变长。反之，手指的压力较小时，c-e 极电阻变大，充入 C1 的电流较小，IC1 的振荡时间变短。其中，电阻 R1 用于对电容 C1 的放电。

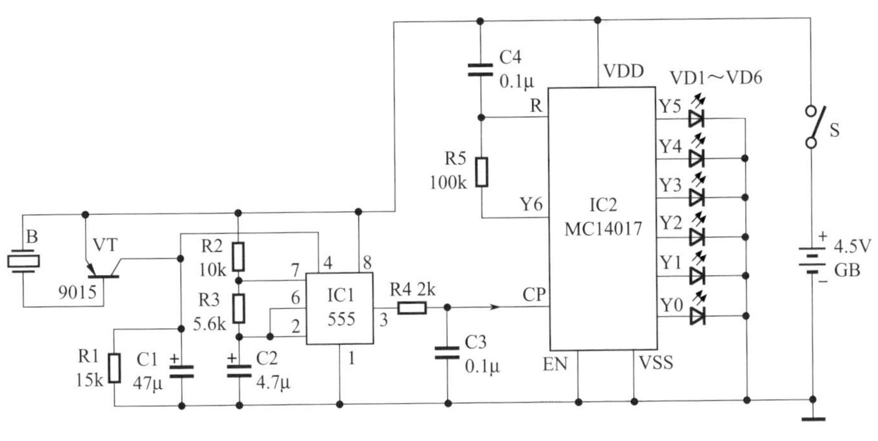

图 8-21　电子转盘电路图

IC1 的 3 脚输出的脉冲信号加到计数 / 译码电路 IC2 组成的发光管发光移动电路的 CP 端，由于触发脉冲的作用，VD1 ～ VD6 会依次发光。当 Y6 为高电平时，又通过 R5 到 R 端使电路清零，而后又重新开始新的一轮依次发光。

元件选择

压电片 B 用 ϕ27mm。三极管 VT 用 9015，β 为 100 ～ 150。IC1 用 NE555 或 LM555。IC2 用 MC14017 或 CD4017。发光管 VD1 ～ VD6 用 ϕ3mm 红色的。电池用 5 号三节。开关 S 用小型纽扣开关。电阻和电容为常用的就可以。

制作与调试

先按照图 8-22 制作一块电路板。

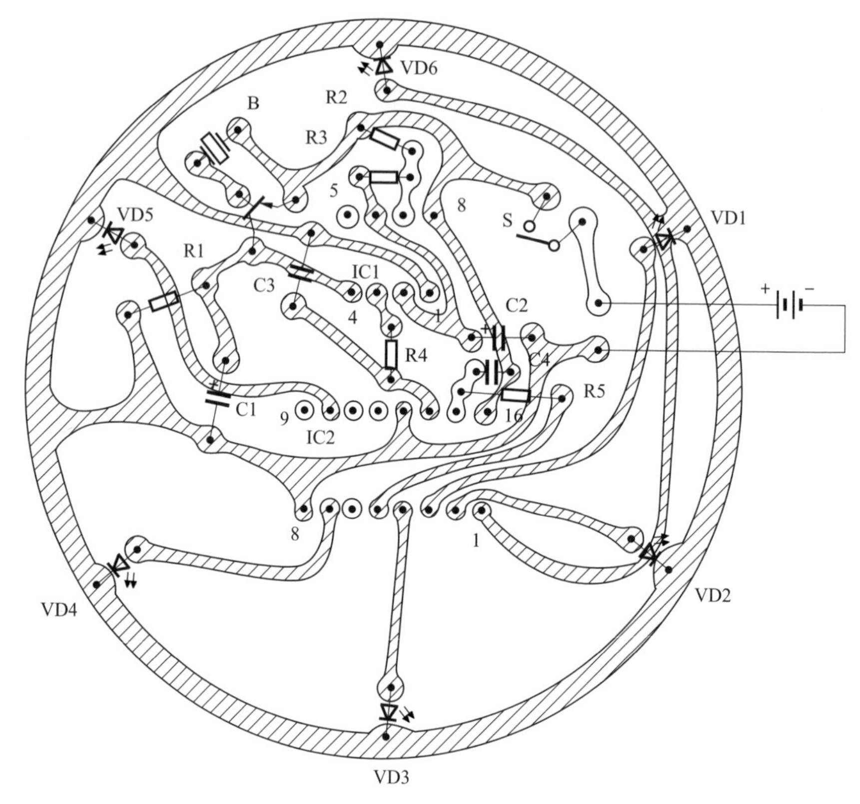

图 8-22 电子转盘电路板

再根据图 8-23 整体示意图安装元件。

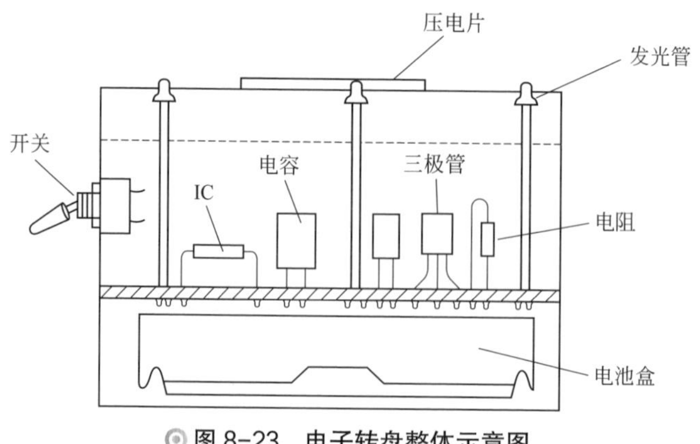

图 8-23 电子转盘整体示意图

要求电阻、电容和三极管高度要尽量一样，6 只发光管管脚要长一些，以便能伸出外壳，元件焊接完找一只圆形塑料外壳（如图 8-24 所示）。

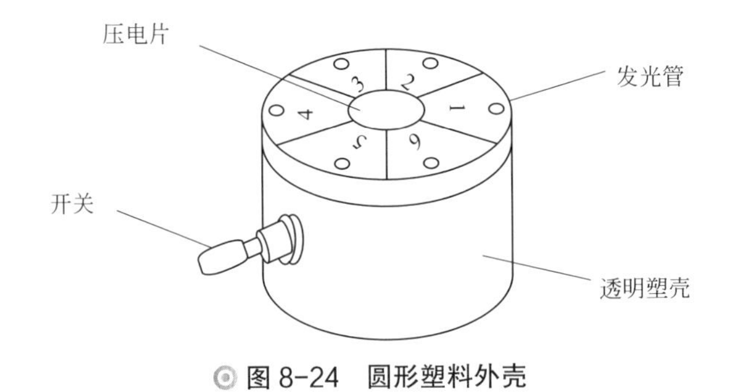

图 8-24　圆形塑料外壳

将开关装在外壳的一侧，电池装在外壳的底部，压电片用万能胶粘在顶盖的中心部位。转盘的数字用一白纸写上后，贴在盖子的内侧，这样电子转盘安装完成。

该电子转盘只要元件焊接没有问题，并且没有不良的元件，无须调试就可以工作。使用时，合上开关，这时固定一只发光管发光，再用手指按压压电片 B，发光管将顺序 1 → 2 → 3 → 4…移动发光，并且在几秒钟内停在某一个数字上。按压时，它能根据手指的压力的大小产生不同的光点移动时间，如图 8-25 所示。

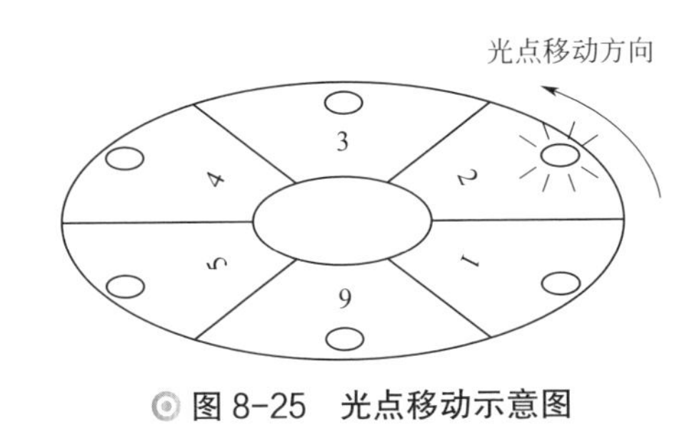

图 8-25　光点移动示意图

该电子转盘一般作为娱乐用。当然，也可以将电路稍作改动，做成较大的抽奖转盘。

6　旋光蚊香盒

蚊香盒使用时大部分是放在黑暗中，这常常使人不小心碰到盒子。这里介绍的旋光蚊香盒，在黑暗中能发出旋转的红色光环，提醒人们注意，同时对居室还能起装饰作用。

工作原理

电路原理图如图 8-26 所示。CD4069 等元件组成脉冲振荡器，振荡周期周 $T=2.2R_pC$，调节微调电阻 R_p 可改变振荡周期。

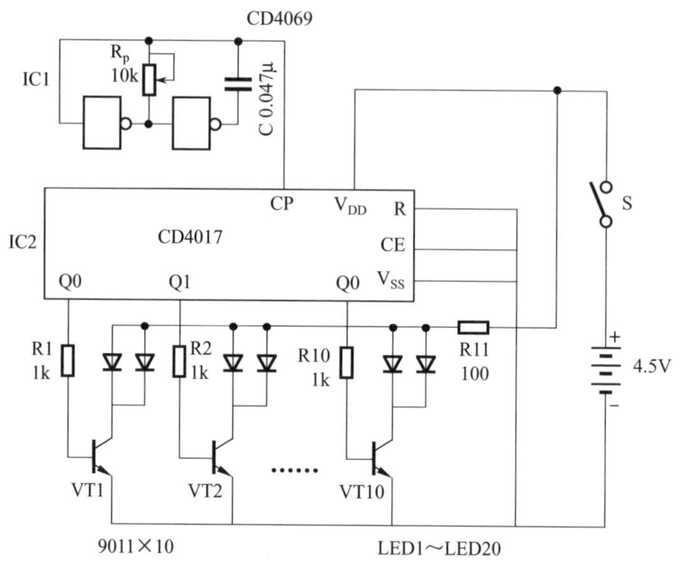

图 8-26 旋光蚊香盒原理图

CD4017 是 CMOS 十进制译码器，由振荡输出的脉冲信号加在译码器的 CP 端，使输出端 Q0 ～ Q9 依次出现高电平，三极管 VT1 ～ VT10 依次导通，发光管 LED1 ～ LED20 也依次发亮。电路中 LED1 和 LED2，LED3 和 LED4，…，LED19 和 LED20 都是并联的，形成两路移动光点，连接后形成旋转的光环。

电路工作时，由于同一时间只有两只发光管发光，故总电流较小，约为 10mA。

元件选择

元件中 IC1 选用 CD4069 或 CC4069，IC1 选用 CD4017。三极管 VT1 ～ VT10 选用 9011 或 9014，β 为 150 ～ 200。电池使用 3 节 5 号干电池。K 使用拨动开关。其他元件无特殊要求。

制作与调试

制作时，先根据蚊香盒的大小，用覆铜板制作一圆环，再根据发光管线路要求刻出电路，并焊上发光管，图 8-27 为线路板图。元件焊接无误后，用导线和发光管电路板相连接。接上电源发光管应能依次发亮，再调 R_p 使光点移动足够快，形成光环。电路调试完，将电池和电路板装入塑料盒中，固定在蚊香盒的下方即可。图 8-28 为总装图。

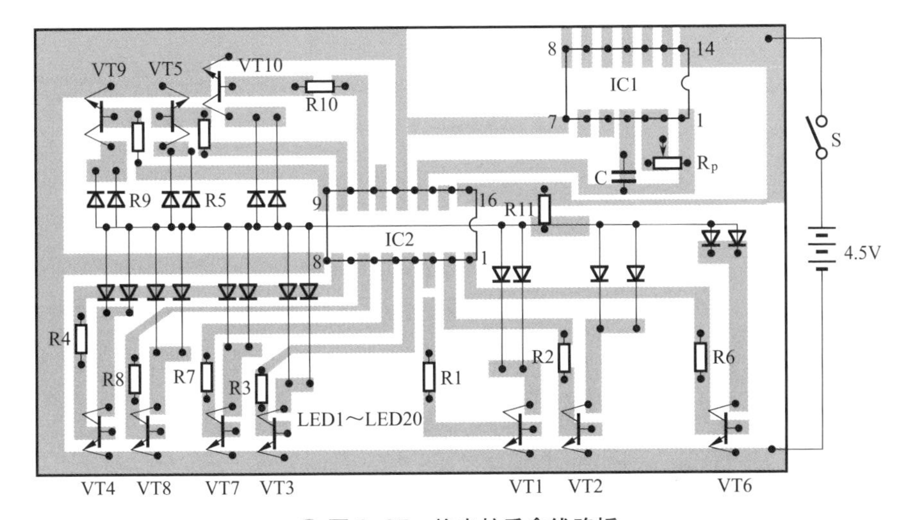

◎ 图 8-27　旋光蚊香盒线路板

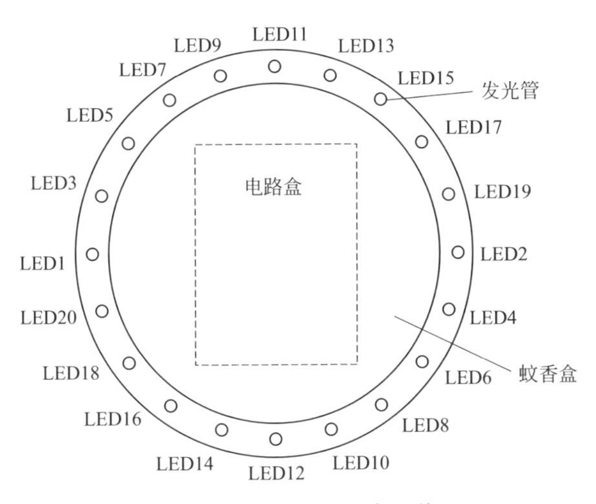

◎ 图 8-28　旋光蚊香盒总装图

7　光纤传声器

目前，电话、电视线路以及计算机网络都越来越多地使用光纤，这是由于光纤在信号传递方面有速度快、信息量大和不怕干扰的优点。下面通过动手制作来完成光纤传声的实验。

工作原理

图 8-29（a）为光信号产生和发送电路。由音乐集成块 IC1，三极管 VT1 和发光管 LED 组成。当合上开关 K1 时，音乐片通电并且被触发，输出的音乐信号通过三极管 VT1 的放大，使发光管 LED 发出被音乐信号所调制的光信号。

图 8-29（b）为光信号接收和放大电路。被光纤传送过来的光信号由光敏三极管 VT2 将光信号变为电信号，通过电容 C1 的耦合，由三极管 VT3 组成的电压并联负反馈放大电路进行信号放大。由于这时放大后输出的信号还不足以推动扬声器发声，所以通过功率放大器集成块 IC2 进一步放大后推动扬声器发出响亮的音乐。由于 IC2 内有两个相同的单声道放大器，故把功率放大电路接成 BTL 形式，这样可提高声音的功率。为了使电路工作时不易产生自激振荡，电路中又接有 R5、C5、C6 组成的退耦电路。

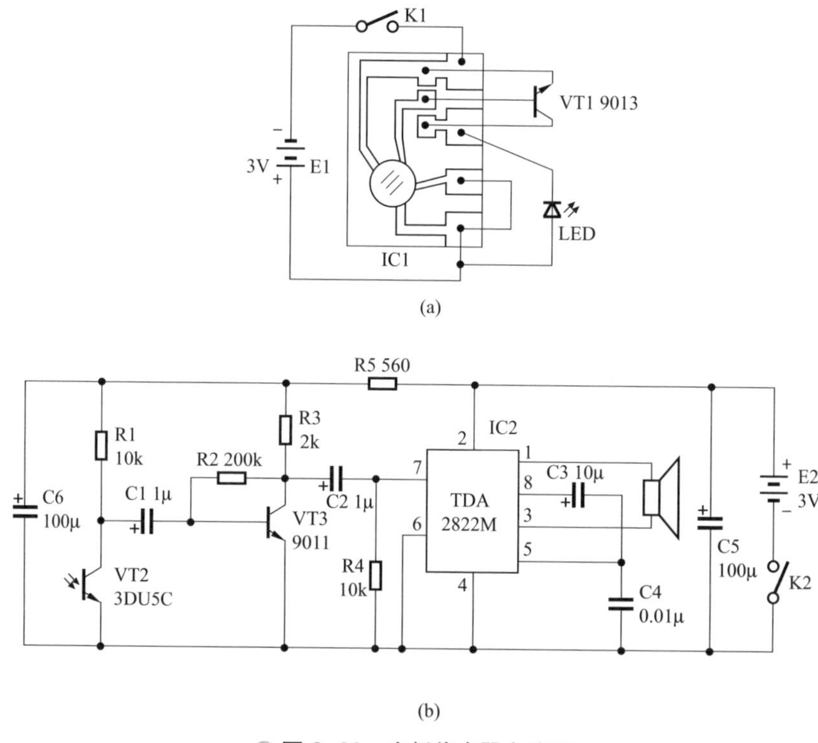

图 8-29　光纤传声器电路图

元件选择

音乐片 IC1 用 9300 系列，音乐内容最好为歌曲。三极管 VT1 用 9013，VT3 用 9011，β 都为 100 ~ 150。发光管 LED 用 $\phi3$ 的红色发光管。光敏三极管 VT2 用 3DU5C 型号。IC2 用 TDA2822M 或 TDA2822 的小功率放大器集成块。扬声器用 $\phi60$mm 8Ω。电源 E1 和 E2 各用两节 5 号电池。K1 和 K2 用 1×2 拨动开关。光纤可用夜光棒上的光纤代替。

制作与调试

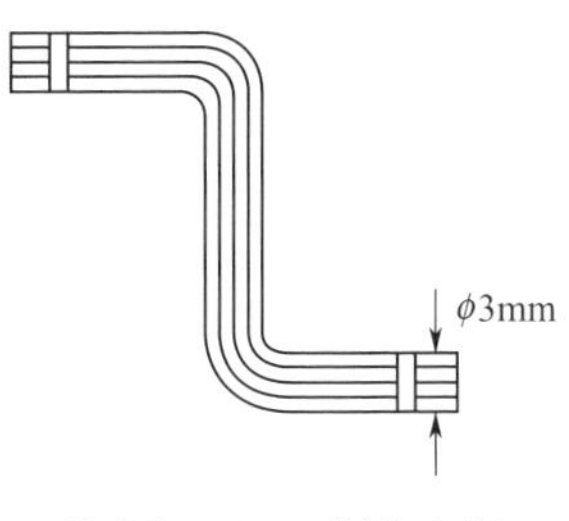

◎ 图 8-30 制作光纤

先制作光纤，到商店买一支有光纤的夜光棒，将最长的光纤剪下约 30cm 长，组成直径为 3mm 的一捆，两头用橡皮圈固定住。如图 8-30 所示，然后用剪刀把头尾剪平，便于光通过。这样，实验光纤即做成。

光信号产生和发送电路不用再制作电路板，直接将发光管焊在音乐片上即可。再按图 8-31 制作一个小电路板，焊接完成的电路板如图 8-32 所示。调试时，合上开关 K1 和 K2，接通电源，这时发光管 LED 应能发光，并且亮暗有些变化，说明正常。人耳靠近光信号接收和放大电路中的扬声器，应能听到“嘶嘶”的声音，当用手电筒照射光敏管应有较大的声音发出，说明基本正常。如发现有交流声，可适当增大电容 C6 的容量。

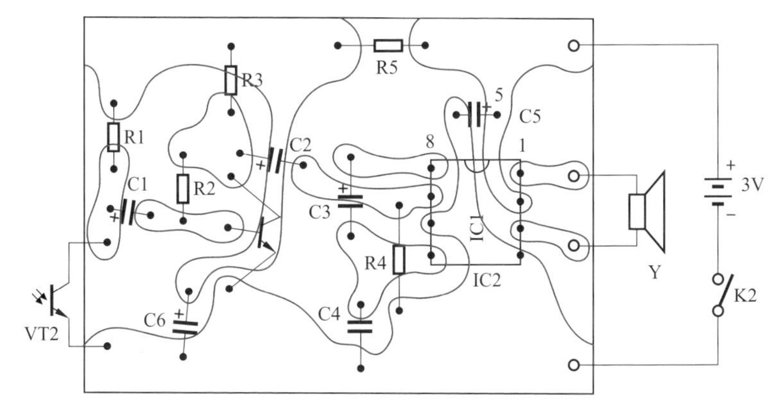

◎ 图 8-31 光纤传声器电路板

◎ 图 8-32 焊接完成的电路板

通信实验进行时，将做好的光纤一端靠近发光管 LED，另一端靠近光敏三极管 VT2，应能听到音乐声，然后再调整光纤与发光管、光敏管的位置，使声音最大即可。另外，利用这个电路，还可以进行红外信号传输试验，有兴趣的读者可以试一试。

8 音乐钱筒

目前，市面上出售的钱筒功能比较简单。如只有放入硬币时才播放音乐，而本节介绍的音乐钱筒，不管放入的是硬币还是纸币，都能播放音乐，并且触发一次便换一首乐曲，共能播放七首不同的乐曲。

工作原理

音乐钱筒电路图如图 8-33 所示。

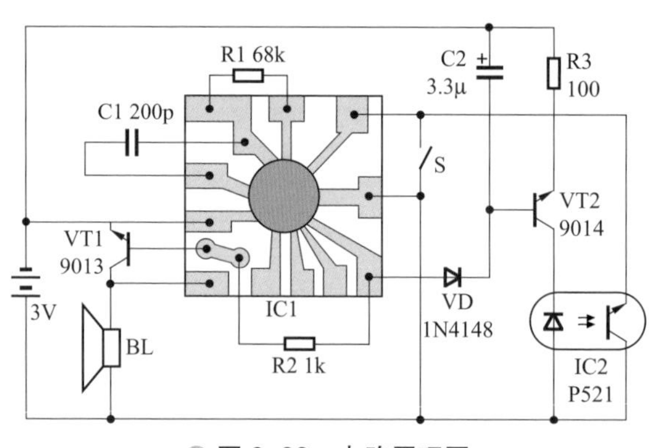

图 8-33 电路原理图

IC1 是型号为 KD-482G 七首双音乐 IC，它内部存放七首双音乐曲，能触发一次换一首乐曲，循环一次为 5min。由于是双音，它除了主音之外，还有余音，声音比较好听。使用电压为 3V。

为了能使音乐钱筒在连续放入钱币时不换乐曲，这里加接了由三极管 VT2 和光电耦合器 IC2 等元件组成的防重触发电路。K 是起触发作用的微动开关，它除了能触发播放乐曲之外，还能触发一次换一首乐曲。为了不重复触发，音乐的一部分信号通过二极管 VD 加到三极管 VT2 的基极，并对电容 C2 充电，使三极管 VT2 导通。电流通过光电耦合器 IC2 内的发光管，并使内部的光敏三极管导通。这样，就相当于开关 K 闭合。同时，由于电路的延时作用，就使得即使连续放入钱币再按压微动开关也不会重复触发乐曲，因这时 IC2 内部光敏管已导通，故按压不起作用，这样就保证了乐曲不重复触发，只有当一首乐曲播完后才会被触发换乐曲。

电路中，R1 用来调整乐曲的快慢。二极管 VD 起信号的隔离作用，防止电容 C2 的电压加到三极管 VT1 的基极。

元件选择

IC1 选用 KD-482G 七首双音乐 IC。三极管 VT1 选用 9013，β 为 100 ～ 150。三极

管 VT2 选用 9014，β 为 200 ～ 250。光电耦合器 IC2 选用四脚 IC，型号为 P521。扬声器用 8Ω 0.25W。K 选用带弹簧片的微动开关。

制作与调试

先制作一个钱币放入时能按动微动开关 K 的装置，如图 8-34 所示。

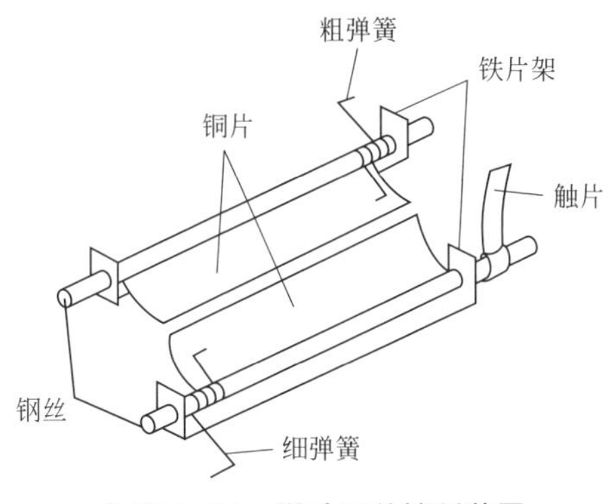

图 8-34　微动开关控制装置

它装在钱筒放入钱币的入口。当钱币放入时两铜片弹开，钢轴的一端有一触片就会按压微动开关。具体制作方法是：找两条直径约 2mm 的钢丝，再把铜片卷在钢丝上面，用焊锡把铜片和钢丝固定在一起。做两个铁片架，找两条录音机弹簧，要求一粗一细，以便有较大的力度使触片按压开关。按图装配好，再找一铜片焊在钢丝的一端作为触片。制作完成后，要求铜片能灵活开合，铜片和钢丝不能有松动的情况。

电路板如图 8-35 所示。

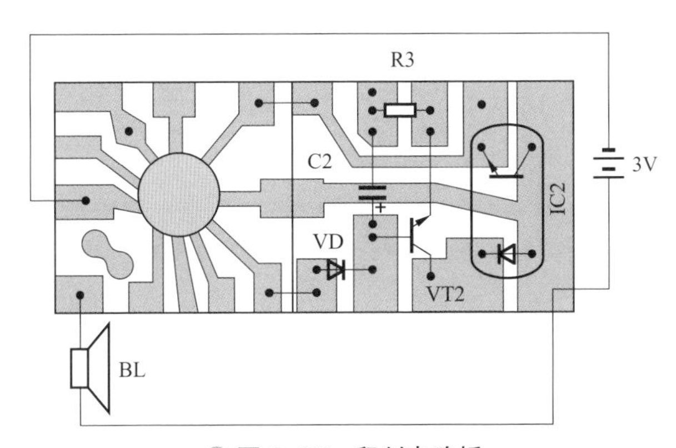

图 8-35　印制电路板

左边是音乐 IC 电路板，右边半块是附加的。元件焊接无误后，接通电源，按压微动开关 K，应能发出乐曲声，如感到声音太快或太慢可调整 R1。如多次连续按压开关 K 时，会换乐曲，可适当调整电容 C2 的大小，实际连接好的电路如图 8-36 所示。

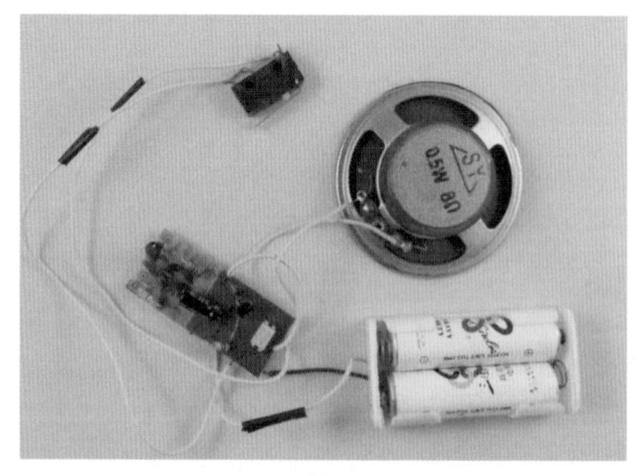

◎ 图 8-36　连接好的电路实物图

调整完成后，找一塑料方形钱筒，把入口开大一些，以便用手指将铜片顶开放入钱币。将按动微动开关 K 的装置装在钱筒的入口内部。将微动开关 K 装在钱筒内靠近触片的地方。调整微动开关的位置，当不管放入的是纸币还是硬币都要使电路触发，然后固定微动开关。最后，把电路板和电池盒固定在钱筒的底部，在钱筒的侧壁开一些放音孔，把喇叭固定在上面。这样，一个新颖的音乐钱筒便制作完成。

9　变化多样的眨眼猫

这里介绍的电子猫能用不同的方式眨动眼睛。当开关合上后，猫眼开始交替眨动双眼，一会儿后又单眼眨动，然后双眼同时眨动，最后因工作疲劳而停止眨动，一会儿养足精神后又重新开始。

工作原理

如图 8-37 所示。由 IC2 中的与非门 G1、G2 等元件组成第一个多谐振荡器，它能产生周期 20s 的脉冲供十进制译码器 IC1 作触发脉冲，使译码器每 20s 被触发一次。由 IC3 或非门中的 G5、G6 等组成第二个多谐振荡器为猫眼提供眨眼脉冲。

开始接通电源时，电源通过 R1 和 C1 产生一脉冲使 IC1 清零，输出端 Q0 为高电平，并且第一个振荡器开始工作。由于 G5 的一个输入接 Q3 为低电平，第二个振荡器也开始工作，振荡脉冲再通过或非门 G7、G8 反相后，使发光管 LED1 和 LED2 交替闪动。约 20s 后，IC1 第一次被触发，Q1 为高电平，这样就使 G8 的一个输入端为高电平，输出为低电平。同时，G3 的一输入端为低电平，输出为高电平，经 G4 反相后为低电平，故 LED2 不亮，只有 LED1 闪动。IC1 第二次被触发后，Q2 为高电平，就使得 G3

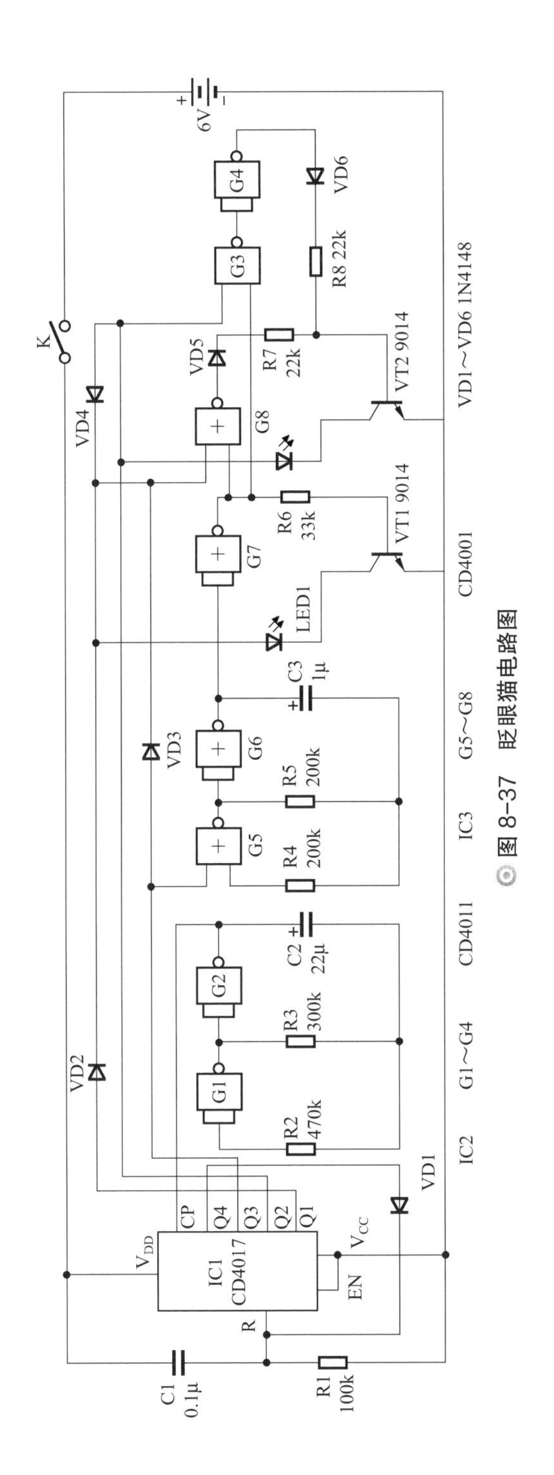
6V
K
G4
G3
VD6
R8 22k
VD5
R7 22k
VT2 9014
G8
VD4
G7
R6 33k
VT1 9014
LED1
C3 1μ
G6
G5
VD3
R5 200k
R4 200k
C2 22μ
G2
G1
R3 300k
R2 470k
VD2
VD1
CP
Q4
Q3
Q2
Q1
IC1 CD4017
V_{DD}
V_{CC}
EN
R
C1 0.1μ
R1 100k
VD1～VD6 1N4148
CD4001
G5～G8
IC3
CD4011
G1～G4
IC2

图 8-37 眨眼猫电路图

一输入端为高电平。于是 LED1 和 LED2 同时闪动，并且通过二极管 VD4，使 G8 一个输入端为高电平，输出低电平。IC1 第三次被触发后，Q3 为高电平，就使 G5 的一个输入端为高电平，第二个振荡器停振。于是 G7 输出为低电平，LED1 不亮。同时，通过二极管 VD3 使 G8 一个输入端为高电平，输出为低电平，G4 输出端也为低电平，LED2 也不亮。IC1 第四次被触发后，Q4 为高电平，通过二极管 VD1 使 IC1 的 R 端为高电平，IC1 清零又重复上述过程。

三极管 VT1 和 VT2 作为 LED 的驱动电路，使发光管驱动电流增大发出足够的光。VD5、VD6 为隔离二极管。

元件选择

IC1 用 CD4017。IC2 用 CD4011。IC3 用 CD4001。三极管 VT1 和 VT2 用 9014，β 在 200 ～ 250 之间。二极管都用 1N4148。发光管 LED1 和 LED2 全部用红色或绿色。开关 K 用 1×2 的拨动开关。电池用 5 号干电池 4 节。其他元件无特殊要求。

制作与调试

先按图 8-38 制成线路板。

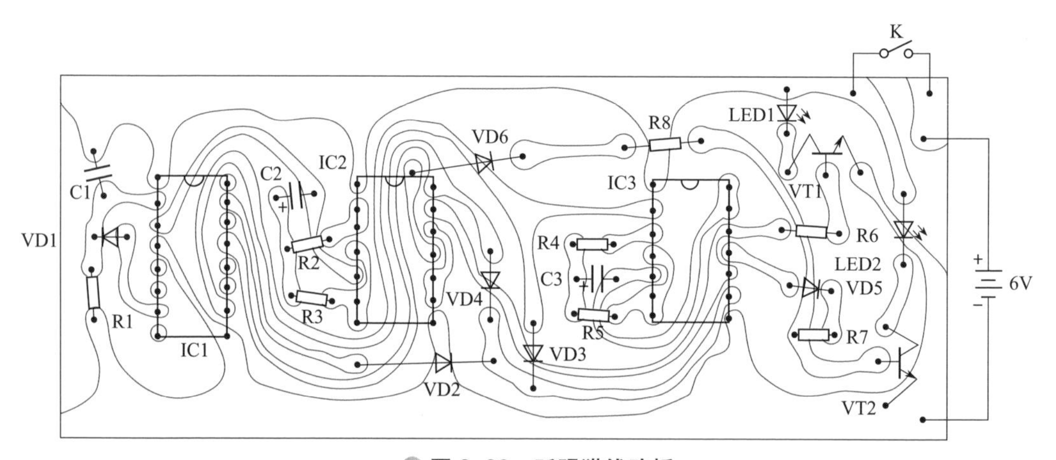

图 8-38　眨眼猫线路板

元件焊接完成后，注意检查核对，特别是集成块引脚不要焊错。接下来进行调试。接上 6V 电池，合上开关 K 后，发光管应能发光并闪动。然后断开发光管测电流应在 30 ～ 40mA，如不合要求可调 R6、R7 和 R8。最后把发光管装在毛绒玩具猫的猫眼中并接好线，把线路板装入塑料盒中，再把线路板盒和电池放入玩具猫肚子内，这样眨眼猫即制作完成。

第九章 其他趣味制作

1 电动自行车充电自动断电装置

目前，电动自行车的数量不断增多，但电动自行车在充电时，要人为地进行控制。因为充电结束后，充电器内部的控制电路还在工作，这样时间一长，就造成了电能的浪费。因此，还是要在规定的时间进行人为控制。本节介绍的充电自动断电装置。充电时，只要按下按钮，电动车开始充电，充电完成后能彻底关断电源。这样，减少了电能的浪费，同时消除了人为断电的麻烦。

工作原理

如图 9-1 所示。

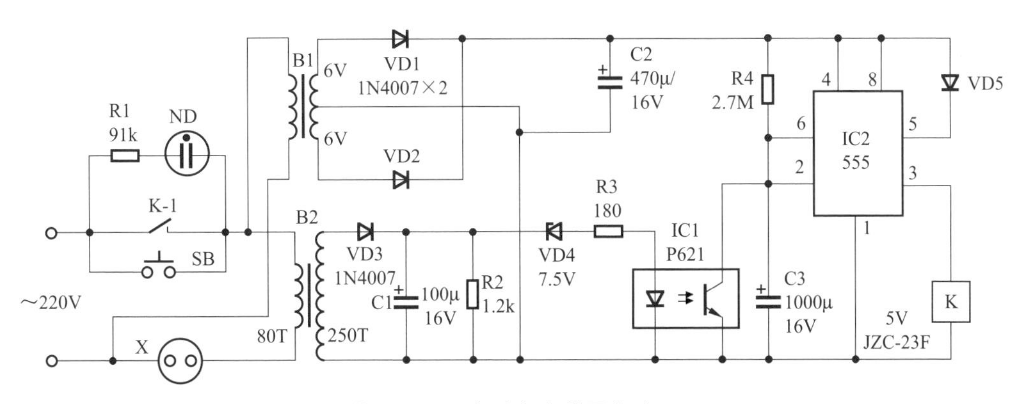

图 9-1 自动断电装置电路图

充电时，按下按钮开关 SB，接通 220V 的电源。这时电源分为两路，一路经过变压器 B1 进行降压后产生双 6V 的电压，经二极管 VD1 和 VD2 的整流以及电容 C2 的滤波后，为控制电路提供电源。另一路通过电流互感器 B2 和插座 X（接充电器）。正常充电时，电流互感器初级端电压约为 1.5 ～ 2V。次级端电压经 VD3 和 C1 整流滤波后，在电阻 R2 两端产生约 9 ～ 12V 的电压。这时 7.5V 的稳压管 VD4 被击穿导通，使光电耦合器 IC1 内部发光二极管发光，于是光电耦合器 IC1 导通。这就使得时基电路 IC2 的 2、6 脚电压为 0V，3 脚输出高电平，继电器 K 吸合，K-1 触点接通，充电开始。

目前，电动自行车充电器充电分两步进行，第一步为正常的电流充电，当蓄电池达到规定的电压后进入涓流充电（充电电流很小），最后充电结束。IC2 等外围元件还构成一个定时器。这样，当充电器正常的电流充电结束进入涓流充电后，流过互感器 B2 初级线圈电流变得很小，负载电阻 R2 两端电压变为 2 ～ 3V，这样就使得稳压管 VD4 截止，光电耦合器 IC1 也截止。电源通过 R4 对 C3 充电，随着充电的进行，C3 两端电压不断上升，当涓流充电时间达到时（约 2h），2、6 脚为高电平，3 脚输出低电平，继电器触点 K-1 断开，这样就彻底断开了充电电源。为了达到延长定时时间的目的，在时基电路 5 脚上加接二极管 VD5 来提高阈值电压。因为，正常的 5 脚电压为 $2/3V_{DD}$，接了二极管后就变为 V_{DD}—0.7V 了，这就提高了 5 脚电压，使定时时间变长。

这里，电阻 R1 和氖灯 ND 用于电路工作的指示。

元件选择

变压器 B1 用 3W 双 6V 的电源变压器。B2 要进行自制，方法是取一只中心 6mm×10mm 的 E 形铁芯，初、次级用直径 0.3mm 的漆包线绕 80 匝和 250 匝。光电耦合器 IC1 用 P621。时基电路 IC2 用 NE555 或 LM555，要求质量较好。电容 C3 用 1000μF 16V，漏电流小的电解电容（可以用万用表电阻挡测其漏电流）。继电器 K 型号为 JZC-23F，5V 的小型继电器。VD4 选用 7.5V 0.5W 的稳压管。SB 用电铃按钮开关，也可以用门铃按钮开关代替。

制作与调试

图 9-2 是电路板图，按照电路板图制作出来的电路板如图 9-3 所示。

检查元件焊接无误后，接好连线并对电动车充电，用万用表测 B2 的初级两端电压应为 1.5 ～ 2V（视充电电池的电压）。测 R2 两端电压应为 9 ～ 12V。说明电路基本正常。然后进行定时时间的调试，等充电器进入涓流充电，用手表进行计时，一般要求能达到 1.5 ～ 2h 的定时时间即为正常。如定时时间太短，应适当增大 C3 的容量或检查 IC2 的质量。如定时时间失控应检查电容的漏电情况，直到正常。

然后将变压器、电路板装入塑料外壳。按钮开关用万能胶固定在外壳的上方，同时将导线引出分别接电源和充电器插座，这样自动断电装置即制作完成。该断电器不足之处是如突然停电不会再启动，需要手动启动。

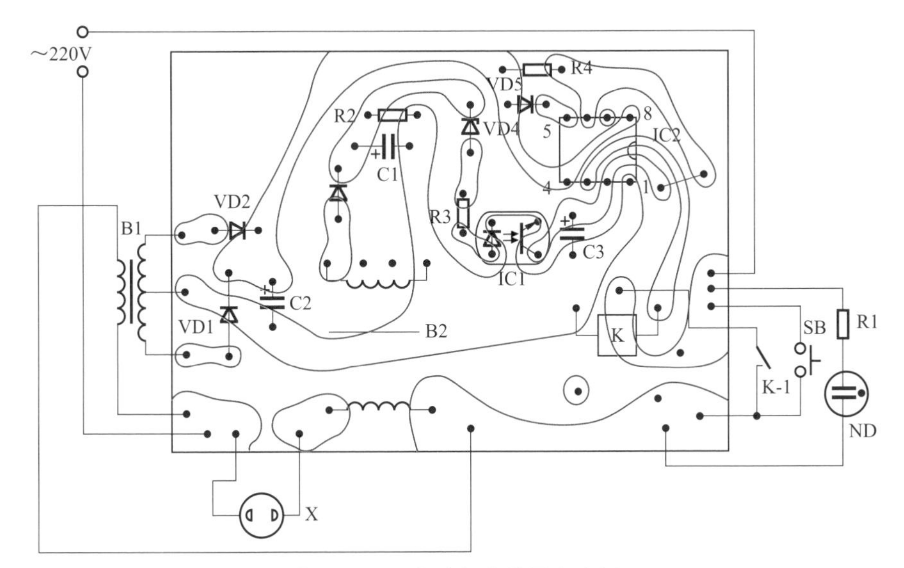

◎ 图 9-2　自动断电装置电路板

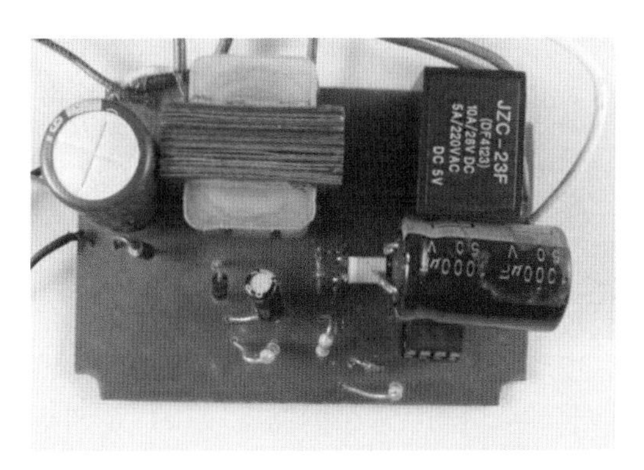

◎ 图 9-3　制作完成的电路板

2　谐振式手机来电提醒器

大家都知道，手机来电时，需要通过铃声来提醒使用者。但是在有些情况下，铃声常达不到提醒使用者的目的。如人声嘈杂的公共场合或正在骑着摩托车、电动车的场合，这些情况由于其他声音的干扰，手机铃声的效果大大减弱。因此，常耽误了重要事情。本节介绍的手机来电提醒器，利用无线接收手机发射信号的方式，将来电信号变为“嘀嘀”声，近距离（约 10cm）传到一侧的耳朵上，这样就解决了听不到铃声的问题。

工作原理

如图 9-4 所示。

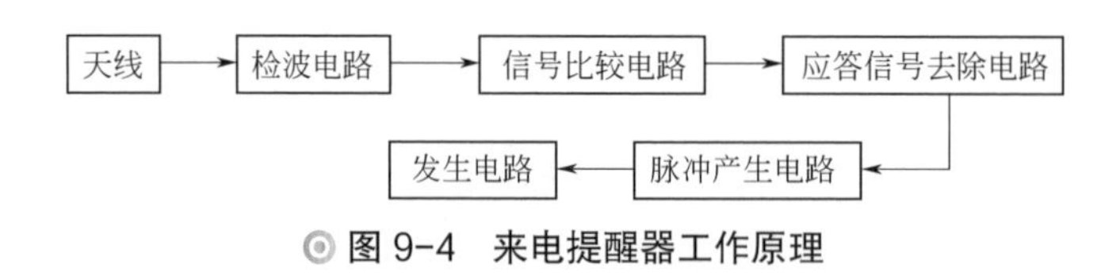

图 9-4　来电提醒器工作原理

电路共有 6 个部分组成，分别为天线、检波电路、信号比较电路、应答信号去除电路、脉冲产生电路和发声电路。电路图如图 9-5 所示。

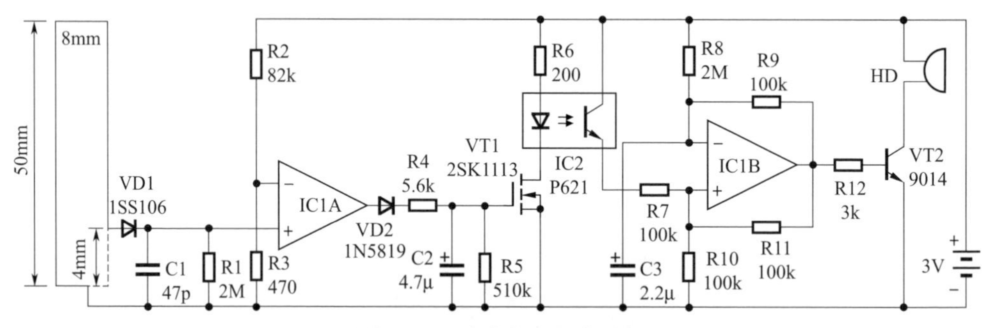

图 9-5　来电提醒器电路图

提醒器使用了勒谢尔天线，这种天线有结构简单、信号强的特点。当有手机来电时，手机产生的高频信号（约 1.5GHz）被 U 形勒谢尔天线接收并谐振，在天线上产生电信号。这个电信号通过阻抗匹配后，再送到由二极管 VD1 等元件组成的检波电路进行检波。在二极管 VD1 的负极端得到一连串的宽度为几十毫秒的窄脉冲。但是，这些脉冲信号电压还是比较小的。为了提高电压，再将信号通过 1/2IC1 等元件组成的比较电路进行比较后，在比较电路的输出端得到约为 3V 的脉冲信号。将这些脉冲信号通过二极管的隔离后，再通过电阻 R4 加到 C2 上。C2、VT1 和 IC2 等元件组成应答信号去除电路。由于手机一部分信号是和基站应答的信号，也就是手机基站和手机之间在规定的时间会互相应答，它不是来电信号。如果这部分信号通过，那么没有来电时，提醒器也会发出“嘀嘀”叫声，故采用了去除电路将其去除。由于应答信号不会很久，时间约 2 ～ 3s。这样，就把应答信号产生的脉冲加到电容 C2 上，由于时间短，电容 C2 上升的电压不会很高，达不到场效应管 VT1 的开启电压 U_{GS}。这时，场效应管不导通。当 C2 上加的是来电信号电压时，脉冲信号时间较长，C2 上的电压达到开启电压 U_{GS}，场效应管 VT1 导通，光电耦合器 IC2 也导通。于是，电源电压通过光电耦合器中的光敏三极管加到 1/2IC1 等元件组成的脉冲产生电路上。脉冲产生电路是一个单运放的多谐振荡器。在光电耦合器不导通时，运算放大器的同相输入端为低电平，而反相输入端通过电阻 R8 接电源正极，即反相输入端电压大于同相输入端电压。运算放大器输出为低电平不产生脉冲信号。当 IC2 导通后，运算放大器同相输入端电压大于反相输入端电压，输出变为高电平。这时输出高电平通过电阻 R9 向 C3 充电，反相输入端电压不断上升，当电压达到同相输入端电压时，输出又变回低电平。这时，电容 C3 又通过电阻 R9 放电。当反相输入端电压低至同相输入端电压时，输出又为高电平。这样重复上述过程形成脉冲振荡，输出一连串脉冲信号，频率约为 2 ～ 3Hz。这些脉冲再通过三极管 VT2 等元件组成的发声电路进行信号功率放大，由蜂鸣器 HD 发出“嘀嘀”的叫声。

元件选择

天线直接装在电路板上，尺寸已在电路图 9-5 中标出，天线的宽度为 1mm，并在线上焊一层锡。运算放大器 IC1 使用内部为 CMOS 电路，型号为 TLC27L2CP。二极管 VD1 使用高频检波二极管 1SS106，不可用 1N60。C1 使用瓷片电容。二极管 VD2 用管压降较低的二极管，型号为 1N5819。C2 使用漏电较小的钽电容。场效应管 VT1 用 2SK1113 或其他开启电压。VGS 为 1.5V 左右的小功率场效应管。光电耦合器 IC2 用 P621 或 P521。三极管 V2 用 9014，β 为 150 ～ 200。蜂鸣器 HD 用 5V 有源蜂鸣器。电池用 3V 的纽扣电池，型号为 CR2025。为了减小手机提醒器的体积，要求元件尽可能用小型的。

制作与调试

按电路图 9-6 设计制作一块小电路板。要求把天线装在电路板的一侧，并用蜡进行覆盖。目的是避免潮湿影响天线产生的信号。除蜂鸣器不装在电路板上，其他元件全部焊在电路板上。电池安装需要铜制作的电池夹。蜂鸣器通过一长 25cm 的黑色双芯软导线焊在电路板上。元件安装图如图 9-7 所示。

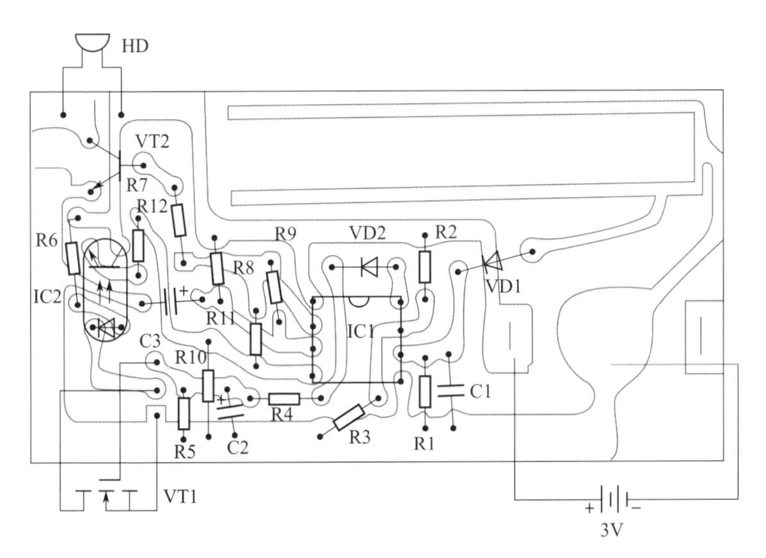

图 9-6　来电提醒器电路板

元件焊接无误后，先拆下电容 C2，装上电池。用手机接收来电，在 30 ～ 40cm 距离提醒器要能发出“嘀嘀”的叫声。如达不到要求，可调整天线输出端的位置，一般离天线底端可调距离为 3 ～ 6mm。还可以试着改变 R2 的阻值，但一般为 100kΩ 左右。正常后，焊上电容 C2，再用手机接收来电，在手机响铃时，提醒器“嘀嘀”声要同时响起。如果有出入，可以改变电阻 R4 的值。然后，制作一个小外壳（笔者直接用珠宝盒）。在外壳的一侧打一小孔，将蜂鸣器线引出焊在蜂鸣器上。找一手机耳机夹，固定在蜂鸣器的引脚端。外观如图 9-8 所示。这样，谐振式手机来电提醒器即制作完成。

◎ 图 9-7　来电提醒器元件安装图

◎ 图 9-8　手机耳机夹安装外观示意图

使用时，把提醒器放入上衣内侧口袋中，把蜂鸣器夹在衣服的领子上即可。如果发现无手机来电时，提醒器还有“嘀嘀”声，这是手机向基站发送的应答信号没有清除干净，需要再增大 R4 的值。

3　简易倒计时显示器

一般倒计时显示器采用数字显示，电路复杂，造价高。而本节介绍的简易倒计时显示器采用发光管显示，电路简单，制作容易，可用于中、高考及其他即将来临的各种大事倒计时的显示，它可以在数字 99 ～ 0 内变化。

工作原理

图 9-9 是倒计时显示器的原理图。IC1 和 IC2 为 CMOS 十进制译码器，分别组成个位数和十位数的显示驱动电路。当按动开关 S2 时，产生的脉冲信号加到 IC1 时钟输入端 CP，使译码输出端 Q0 ～ Q8 依次出现高电平，即令所表示的 9 ～ 1 个位数发光二极管 LED1 ～ LED9 依次发光。当按动开关 S2，使输出端 Q9 出现高电平时，由于 Q9′输

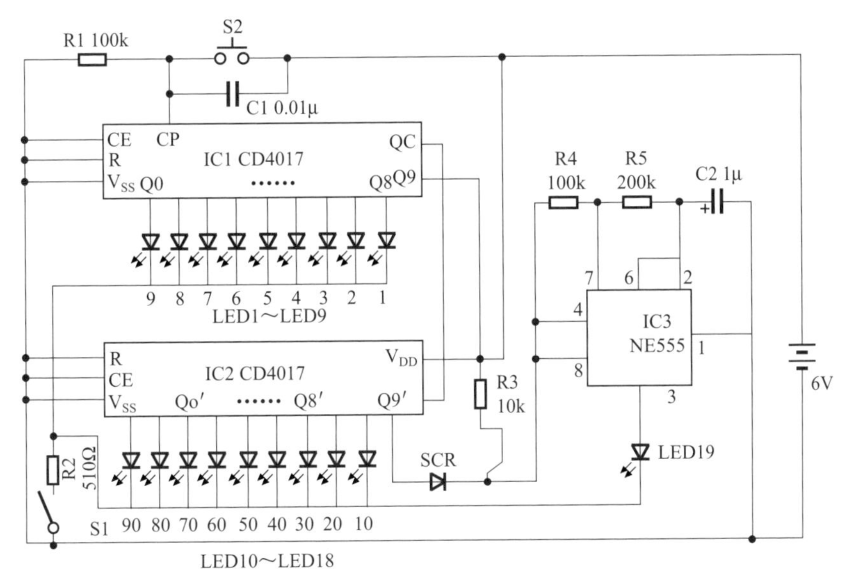

◎ 图 9-9　倒计时显示器电路图

出为低电平，由 IC3 组成的脉冲振荡器因得不到电源电压而不能工作。这时，显示数字由原来的 91 变为 90，再按动开关 S2，IC1 的进位输出端 QC 输出一个脉冲（脉冲时间较长）。同时，Q0 又输出高电平，使原来显示的 90 变为 89，显示 88 ～ 1 的原理和上述相似，当最后显示 0 时，由于 Q9、Q9′同时出现高电平，可控硅导通，Q9′输出的电压加至由 IC3 组成的振荡器上，使振荡器工作。发光管 LED19 闪闪发光时，表示最后一天倒计时的来临。原理图中 C1 是用来避免拨动开关 S2 时产生抖动而产生的误触发，R2 为发光管的限流电阻。

元件选择

IC1 和 IC2 选用 CD4017 或 MC14017，IC3 选用 NE555 或 SL555 等，IC1、IC3 引脚排列如图 9-10 所示。LED1 ～ LED9 选用红色 ϕ3mm 小发光管，LED10 ～ LED18 选

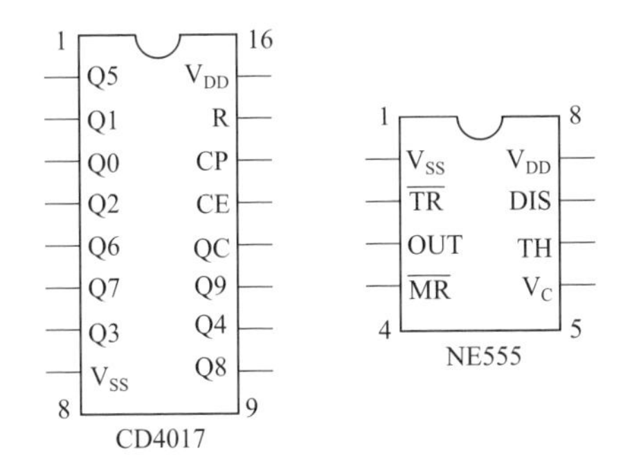

◎ 图 9-10　IC1 和 IC3 引脚排列图

用绿色小发管，LED19 选用长方形红色发光管。可控硅 SCR 用 1A 的小型单向可控硅，如 MCR100-6 等。S2 选用轻触按钮开关。S1 选用 1×2 的拨动开关。电池用 5 号电池 4 节，如用 1 号电池则更好。

制作与调试

图 9-11 为线路板图。焊接元件时，发光管要相互对齐，按钮开关 S2 直接焊在线路板上（线路板上已留有位置）。焊完元件检查无误即可接通电源。这时，红、绿发光管应发光，按动 S2 还应能依次发光。如不发光则检查线路是否短路，集成电路引脚是否虚焊，然后再检查发光管亮度是否均匀。如发现某些发光管较暗，则说明其质量不好，需进行更换。然后拨动 S2 调整倒计时时间。如第 58 天，则调到显示 50 的绿发光管、8 的红发光管，以后每天按动一次即可。按 S2 时动作要干净利落，以免按错时间。由于该显示器耗电约 6mA，考虑到使用时间较长，故加装了开关 S1，如暂时不需要显示可关断 S1。这时，发光管不亮，但电路还在工作，耗电约几微安。如需再显示，只要打开 S1，不需再调整。

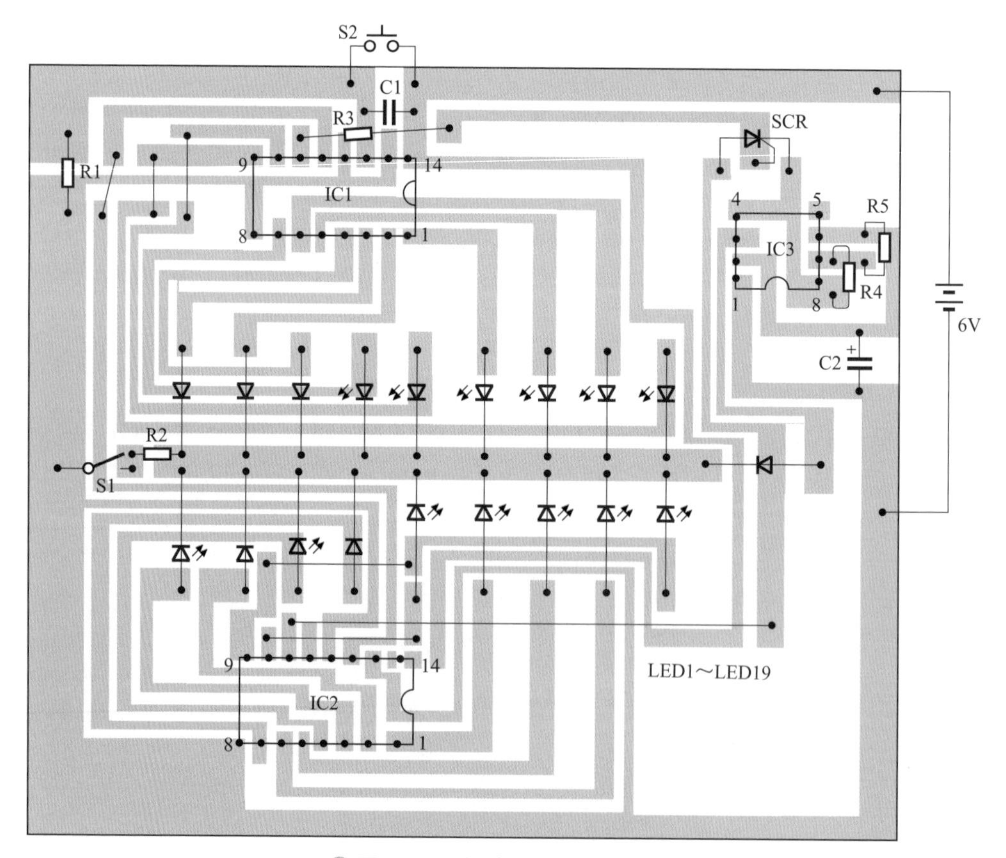

图 9-11　倒计时显示器线路板

最后，用三夹板制作一外壳。在壳面板上开孔露出发光管和开关，再标上每只发光管所显示的时间。

4 自行车内胎漏气检测仪

在修理自行车时常要检查自行车内胎漏气处所在位置，一般是把内胎放入水中进行检查。这种方法有许多不好的地方，如水未干就进行补胎会影响橡胶贴皮的附着强度，湿的内胎还会带上泥沙使内胎易损坏，本节介绍的检测器可避免上述问题。

工作原理

充气的内胎如有漏气，那么就会从漏气孔冒出，当使用特殊的探头套在内胎上，移动探头时，如内胎有漏气孔，冒出的气体会冲击探头的铁片，使铁片发生振动，同时铁片把振动传到压电片上，然后压电片再把振动变为电信号。由于铁片是圆形的，因此，铁片所面对的一整圈内胎表面都能得到检测。

工作原理图如图 9-12 所示。

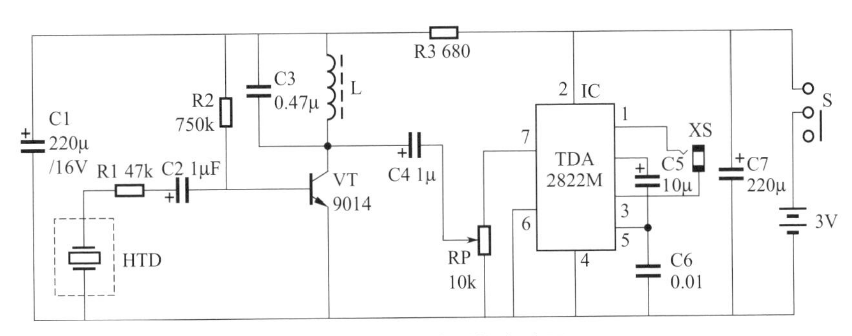

图 9-12 检测仪电路图

电信号由电容 C2 耦合到由 VT 组成的选频放大器进行信号放大，放大器中 LC 谐振频率为 700Hz，这也就是漏气时铁片产生振动的主频率，可以减小其他声音信号的干扰。被选频放大后的信号由 TDA2822M 功放集成块进行功率放大。为了增大其输出功率，功放块选用 BTL 型。最后由低阻耳塞发出被放大后的"嗞嗞"声。C1、C7、R3 组成退耦电路用来防止电路的自激。

元件选择

压电片 HTD 使用 ϕ27mm。三极管 VT 选用 9014 硅管，放大倍数为 200 ～ 250，电感 L 选用 MX-2000mm，ϕ10mm×ϕ6mm×5mm 的磁环，在上面用 0.1mm 的漆包线穿绕

340 圈制成，电感为 144mH。RP 为 10kΩ 立式微调电阻。C1、C7 选用 220μF 16V，C2、C4 选用 0.47μF ～ 1μF 的电解电容。IC 选 TDA2822M 或 D2822 M。S 为 1×2 的单刀双掷拨动开关，所配耳机阻抗为 75Ω 或 8Ω。

制作与调试

找一块宽 8mm 的薄铁片或铜片弯成直径为 4cm 的圆圈，并将中间用钳子夹平 1cm，再用宽 1cm 的铁片制作成固定铁片。将压电片有陶瓷的一面向上，再在上面放好圆圈铁片。固定铁片内放一绝缘纸以免输出信号短路。用固定铁片把圆圈铁片固定在压电片上。再制作一木制手柄，一端挖空 5mm 左右以便将整个探头固定在上面。压电片的引线要用屏蔽线。探头制作如图 9-13 所示。图 9-14 为线路板图，用刀刻法制作而成。

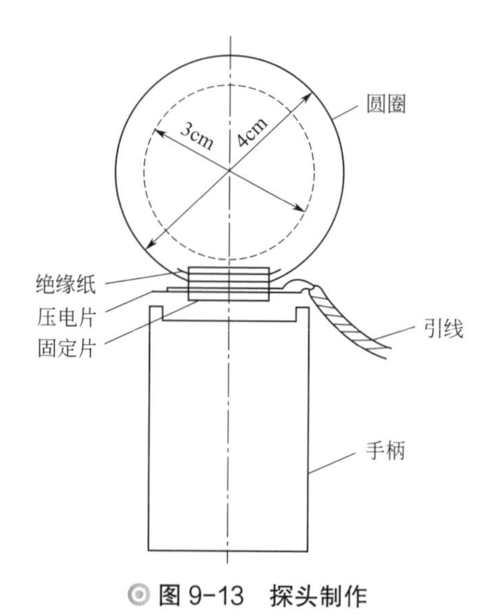

图 9-13　探头制作

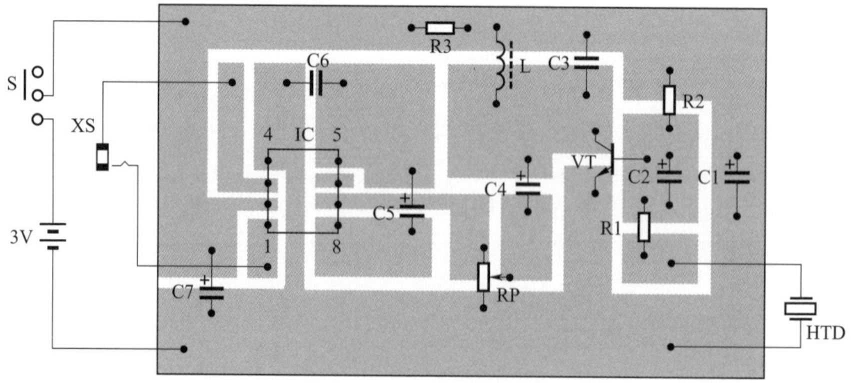

图 9-14　检测仪线路板

元件选择无误后用稍大功率的电烙铁将元件焊好。电感 L 用蜂蜡固定，检查无误后无须调试即能工作。安装好的电路板如图 9-15 所示。将装好的电路板和电池一同装入塑料盒中，把开关固定在盒子上即可。使用时将内胎充足气，把圆圈铁片拉开套在内胎上并复原，戴上耳塞，打开开关，让内胎逐渐地从圈内通过，注意内胎尽量不要碰到圆圈，这样当耳塞中有“嗞嗞”声发出时，即可发现漏气的地方。如感到“嗞嗞”声小，可调大微调电阻。

◎ 图 9-15　安装好的电路板

5 能识别方向的迎宾器

本节介绍一种用热释电传感器制作的迎宾器，它能识别来访者的进出。把它安装在商店或家中，当有客人来时，进入会发出“您好，欢迎光临”的礼貌用语；客人出去时，又能控制不发出声音。避免了传统迎宾器不管客人是进还是出都发出“您好，欢迎光临”的问题。这种迎宾器工作距离为 1 ～ 1.5m，静态耗电约 1.5mA。

工作原理

图 9-16 是迎宾器的工作原理图。它由 2 组放大电路、比较电路、B 信号延时电路、AB 信号判别电路和语言发生电路组成。

(1)识别方向原理

该迎宾器电路板头部反方向安装两个热释电传感器 A 和 B，如图 9-17 所示。当人从传感器前方由 B 到 A 经过时（进入），传感器 A 开始产生正半周的信号，而 B 开始产生负半周信号，由于只有开始时正半周信号达到一定的幅度，才能触发语言发生电路发声。因此，传感器 A 的信号起作用，触发后面电路，使之发出“您好，欢迎光临”的礼貌用语。而当人从 A 到 B 经过时（出去），则情况和上述相反，传感器 A 开始产生的是

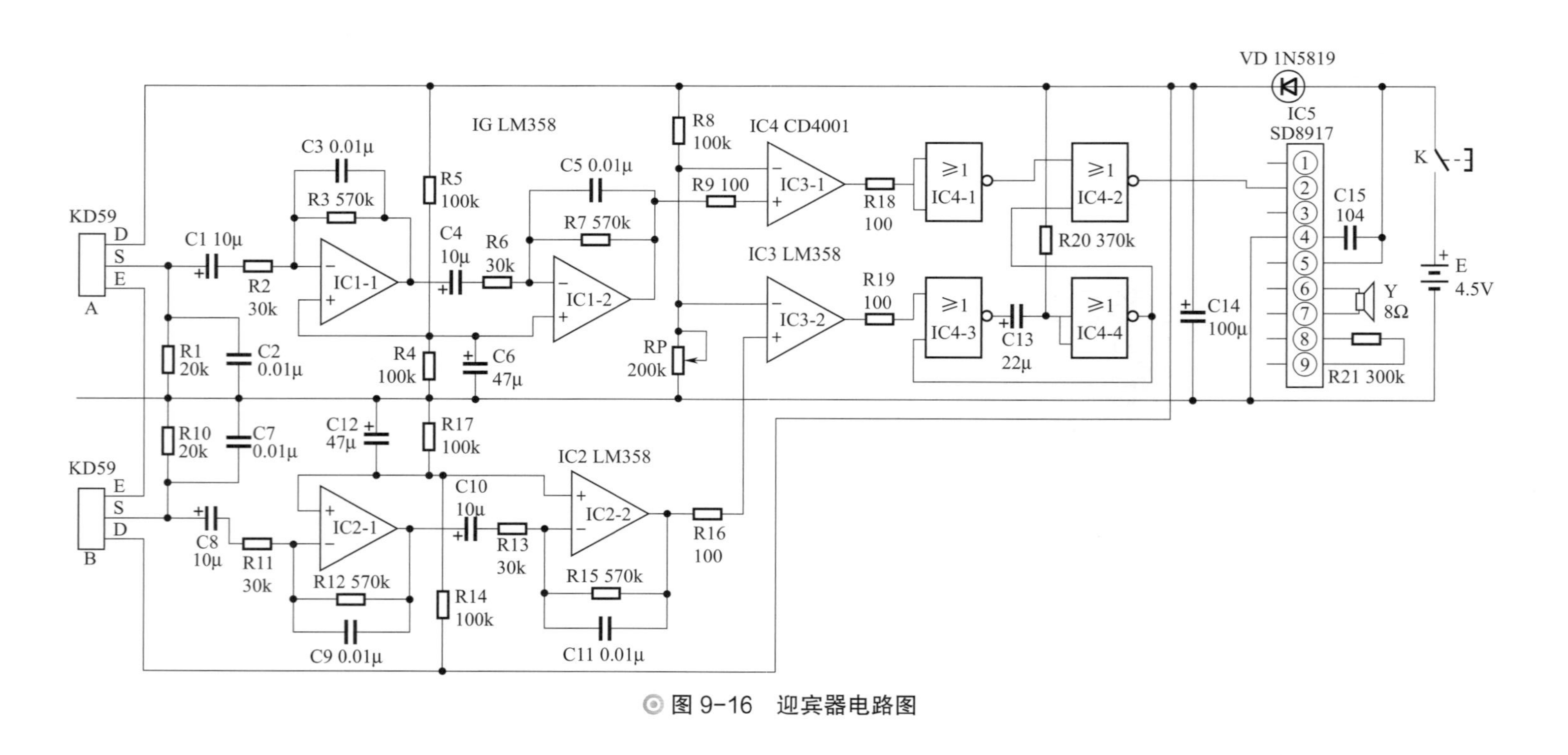
KD59
D
S
E
A
C1 10μ
R2
30k
C3 0.01μ
R3 570k
IC1-1
R5
100k
IG LM358
C4
10μ
R6
30k
C5 0.01μ
R7 570k
IC1-2
R1
20k
C2
0.01μ
R4
100k
C6
47μ
R8
100k
R9 100
IC4 CD4001
IC3-1
R18
100
IC4-1
IC4-2
IC3 LM358
IC3-2
R19
100
IC4-3
C13
22μ
IC4-4
R20 370k
RP
200k
R10
20k
C7
0.01μ
C12
47μ
R17
100k
KD59
E
S
D
B
C8
10μ
R11
30k
IC2-1
R12 570k
C9 0.01μ
R14
100k
C10
10μ
R13
30k
IC2 LM358
IC2-2
R15 570k
C11 0.01μ
R16
100
VD 1N5819
IC5
SD8917
C15
104
C14
100μ
Y
8Ω
R21 300k
K
E
4.5V

图 9-16 迎宾器电路图

负半周信号，B开始产生的是正半周信号。这时传感器B信号起作用，触发后面的电路，使之不发出“您好，欢迎光临”的礼貌用语。

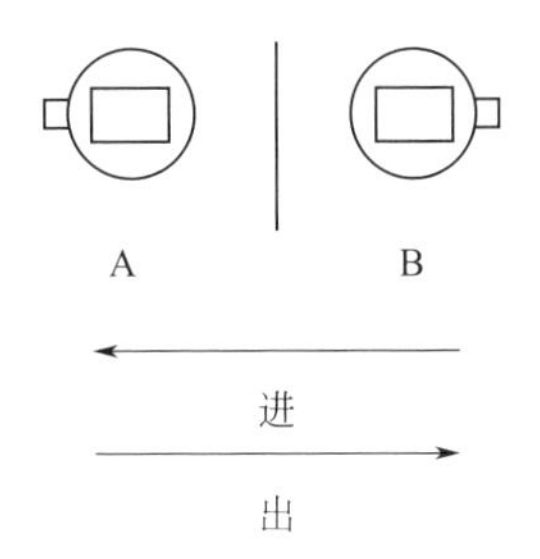

图 9-17 热释电传感器安装

（2）放大和比较电路

由 IC1 和 IC2 等元件组成两组放大电路。人体的红外线由传感器 A 接收并转化为电信号，由电容 C1 耦合到运算放大器 IC1-1 组成的放大器进行放大，由于一级放大后的信号较弱，信号再经过电容 C4 加到 IC1-2 组成的放大器进行二级放大，输出较强的信号。该放大器的放大倍数可以达到 400 倍。同理，人体红外线也由传感器 B 接收并转化为电信号由运算放大器 IC2-1 和 IC2-2 组成的二级放大器放大。两组放大器的放大倍数基本相同。由 IC3-1 和 IC3-2 组成信号比较电路。传感器 A 的放大信号通过 R9 加到比较器 IC3-1 的同相输入端，根据 IC3-1 反相输入端设定的电压，对放大后的信号进行高低电平转换。同理，B 传感器的放大信号通过 R16 加到比较器 IC3-2 的同相输入端进行高低电平转换。如反相输入端所设定的电压为 2V（在这里两个反相输入端电压由一个电路共同设定），则同相输入端电压如大于 2V，输出高电平。反之，输出低电平。

（3）B 信号延时和 AB 信号判别电路

IC4 是四二输入或非门。逻辑功能是“有 1 为 0，全 0 为 1”。即只要输入有一个为高电平输出就为低电平，当全部输入都为低电平时，输出为高电平。

这里，由 IC4-3 和 IC4-4 等元件组成 B 信号延时电路。当 IC3-2 输出低电平时，也就是 IC3-3 的一个输入端为低电平，IC4-4 输入端为高电平（电源通过 R20 加到 IC4-4 输入端形成的），IC4-4 输出为低电平，低电平还会使 IC4-3 输出高电平。当 IC3-2 输出正脉冲信号时（B 信号形成的），IC4-3 输出低电平，IC4-4 输入端为低电平（电容两端电压不能突变），IC4-4 输出高电平，而这个高电平持续时间由电容 C13 和 R20 决定，即 $\tau_w=0.7RC$。

由 IC4-1 和 IC4-2 组成 AB 信号判别电路。当 IC3-1 输出高电平时（A 传感器输出信号产生的），由于 IC4-1 输入端并接，输出为低电平。这时 IC3-2 输出为低电平，故 IC4-2 另一输入端也为低电平，IC4-2 输出为高电平，触发后级语言发生电路。当 IC3-2 输出为高电平，而 IC3-1 输出为低电平时，根据前述的 B 信号延时电路原理可知，IC4-4 输出高电平，而 IC4-1 输出也为高电平，从而使 IC4-2 的两个输入端都为高电平，IC4-2 输出低电平，不触发语言发生电路。并且在 IC4-4 输出为高电平期间，IC3-1 输出的高低电平都不能触发语言电路，即起到了封锁的作用。

(4)语言发生电路

该电路由 IC5 等元件组成。正脉冲信号加到 IC5 的 2 脚，使 IC5 内部音频发生电路工作，由 6、7 脚输出音频信号，并且由喇叭 Y 发出“您好，欢迎光临”的礼貌用语。该语言电路的工作电压范围宽，可以在 2.4 ～ 5V 电压内工作，静态耗电只有 1μA。电路可以直接驱动 8Ω 喇叭。触发 1 脚时，可以发出英文“Hello，welcome”的礼貌用语。

其中，二极管 VD 和电容 C14 构成前后级隔离电路，目的是减小语言发生电路发音时对前级放大电路的影响。

元件选择

热释电传感器 A、B 用 KD59 或其他。运算放大器 IC1、IC2、IC3 用 LM358。四二输入或非门 IC4 用 CD4001。语音电路 IC5 用 SD8917，也可以用 TQ33F，但 R21 要改为 200kΩ。开关 K 用 2×2 拨动开关。5 号电池盒 E 用三节电池 4.5V。喇叭 Y 用 8Ω 0.5W 的型号。二极管 VD 用 1N5819。微调电阻 RP 用 200kΩ。塑料外壳用 8cm×5cm×14cm 尺寸。塑料膜用 6cm×4cm，其他无特殊要求。

制作与调试

用 5cm×10cm 覆铜板按图 9-18 制作一块电路板。头部用于安装两只热释电传感器，它们相距 1cm，并且反向安装，即外壳的凸点都向外。安装好的电路板如图 9-19 所示，图 9-20 是电路板的背面，语音集成块直接安装在这一面上。

制作好的电路板前面还要装一块挡板（4cm×3.5cm），可以用小电路板代替。具体做法是：用钢锯锯开一个槽嵌入电路板约 1cm，并且用 AB 胶固定。加挡板的目的是隔离热

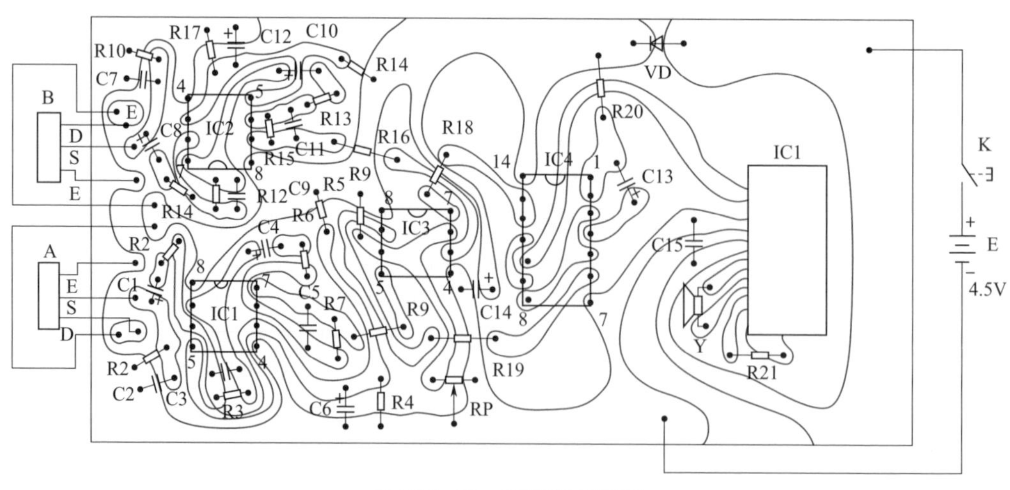

◎ 图 9-18　迎宾器电路板

◎图 9-19 安装好的电路板背面

◎图 9-20 电路板背面

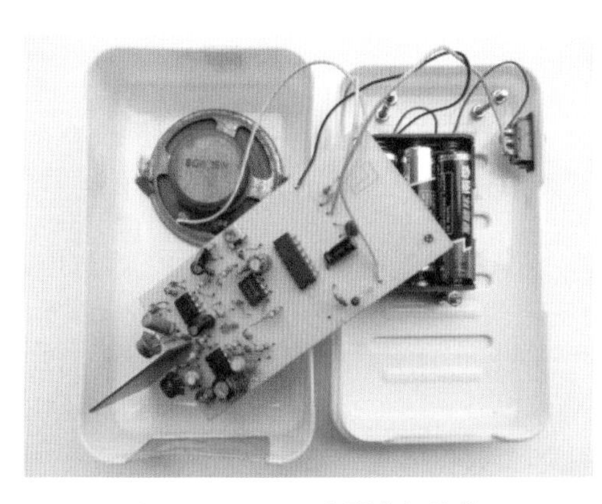

◎图 9-21 迎宾器内部结构

释电传感器 AB，使传感器获得的红外线符合要求。找一只尺寸为 8cm×5cm×14cm 的外壳（可以用肥皂壳代替），把开关装在壳的一侧，电路板用三只螺钉固定在外壳内，电池盒放在底部，把喇叭固定在外壳的上方（需要在外壳上方打一些 ϕ3mm 的小孔）。外壳前方开一个 5cm×2.5cm 的方形窗，让人体红外线能被热释电传感器接收。为了避免灰尘进入外壳内，找一透明塑料纸（注意：普通塑料纸不可，要找到红外线透射好的），用双面胶固定在窗口前方，完成后，检查元件焊接和导线连线无误，即可调试。

把制作好的迎宾器放在桌面上，前方不要有物体。人在距迎宾器 1m 的地方模拟进出，使迎宾器能正常工作。即从 1m 距离走过去能发出“您好，欢迎光临”，走过来则没有声音，并且超过 1m 都不会发出声音。如距离有出入，可以调微调电阻 RP。如还不尽人意可以调整电阻 R7 或 R15 的值来改变放大器的放大倍数。例如调发音距离正常，而“静音”不正常，可以适当调大 R15 的值，可把 R15 换成 1MΩ 试试。总之，调试到 1 ～ 1.5m 范围内应能正常工作，超过距离容易影响他人工作。

接着调封锁时间，可以调 R20 的值。用万用表接 IC4-4 的输出端，人在迎宾器前经过时，输出端高电平时间一般应为 3 ～ 5s。视具体情况而定，以人经过不再次触发为界。一般在商店使用，时间可调短一些，在家中使用可调长一些。这样调试工作即完成。

该迎宾器静态耗电小，白天打开开关，晚上关闭即可。使用时应放在距门前一侧靠内 30cm 左右距离的地方，不要距门太近，否则不易触发。迎宾器内部结构如图 9-21 所示，供制作时参考。外观如图 9-22 所示。

◎ 图 9-22　迎宾器外观

6　99 天数显式倒计时器

现在很多地方都要用到倒计时器，如各种重大事件、各种喜庆日子即将到来之时都要用到。本节介绍一种用电子表做信号源的数显式倒计时器，它可以从 99 天开始倒计时，并且停电时计时的天数不会丢失，来电时又重新显示。

工作原理

计时器天数的变化信号取自玩具电子表中的“P ”跳到“A”的时刻，具体信号的输出是在图 9-23 中电子表电路板的第 12、13 脚。

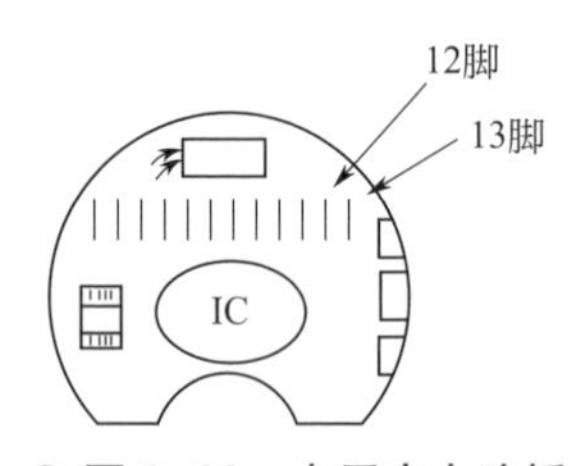

◎ 图 9-23　电子表电路板

当电子表显示“A”时，12、13 脚输出大约 2.6V 的交流电压。当显示“P”时，12、13 脚输出大约 1.2V 的电压。利用这个电压的变化就可以得到作为天数变化的触发信号。倒计时器工作原理图如图 9-24 所示。当电子表的时间从 11：P 跳到 12：A 时，12、13 脚输出较高的交流电压，经二极管 VD1 的整流以及电容 C1 的滤波后，加到电压比较器 IC1 的同相输入端。这时，同相输入端电压高于反相输入端电压，输出由低电平变为高电平。这个变化的电平信号通过电阻 R4 加到十进制同步加 / 减计数器 IC4 的 CPD

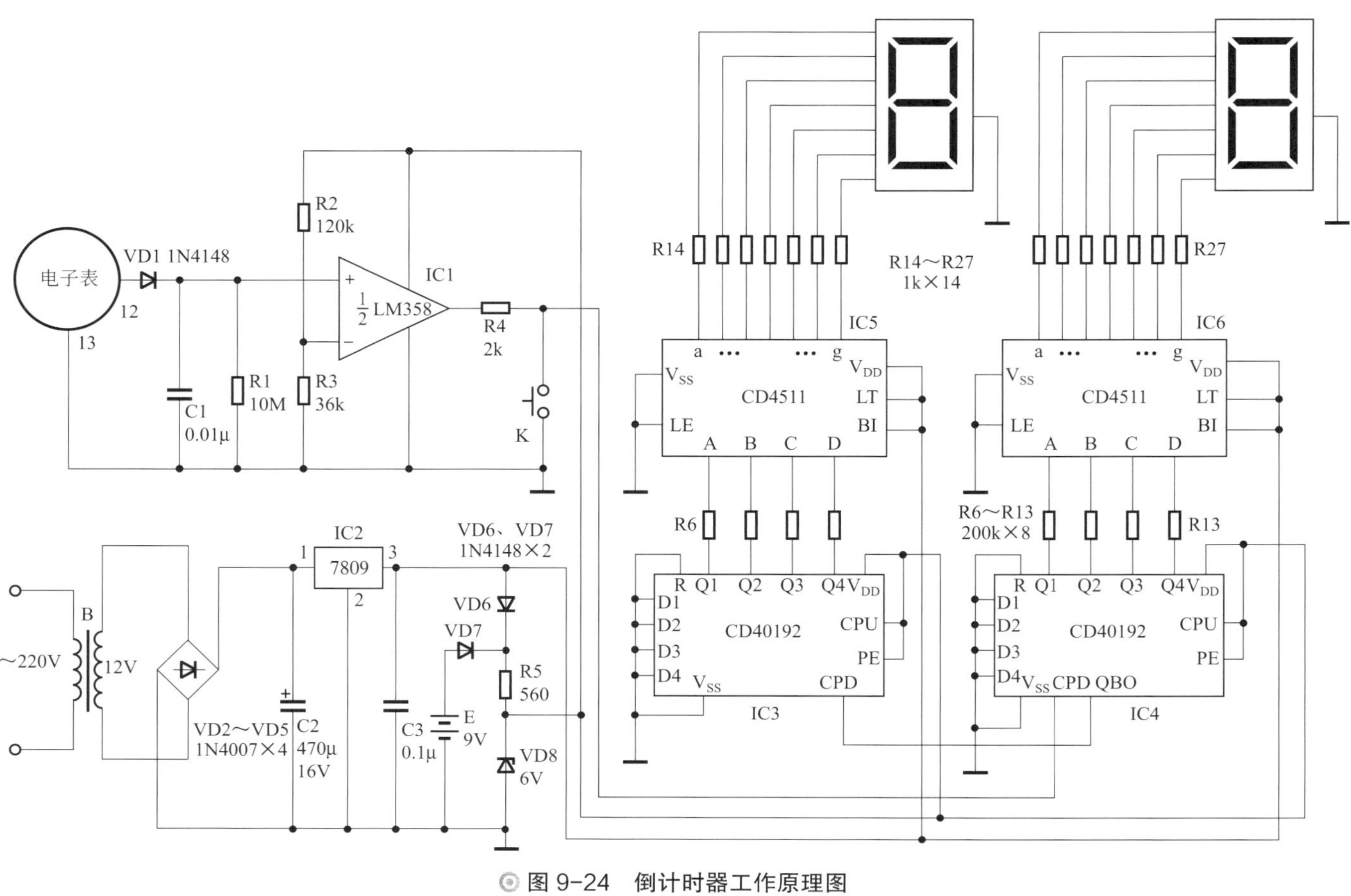

图 9-24 倒计时器工作原理图

端进行减计数。这样，IC4 中的 Q1 ～ Q4 输出相应的 BCD 码。当个位数需要向十位数借位时，IC4 的 QBO 端向 IC3 的 CPD 端送去一个借位信号。那么，IC3、IC4 各自会从 Q1 ～ Q4 端输出借位后的 BCD 码。IC3、IC4 输出的 BCD 码再加到译码器 IC5、IC6 的 A、B、C、D 端，由 a ～ g 端输出不同的电平去点亮数码管。其中，电阻 R14 ～ R27 为限流电阻，用于防止电流过大烧坏数码管。

计时器使用的电源是由变压器 B 把 220V 的交流电压变为 12V 后，经 VD2 ～ VD5 的整流，稳压块 IC2 稳压后输出 9V 的电压供 IC5、IC6 和数码管使用。同时，9V 电压再经过稳压管 VD8 的稳压，输出 6V 的电压供 IC1、IC3、IC4 使用。停电时，9V 电池电压经二极管 VD7 后由稳压管 VD8 稳定在 6V 供 IC1、IC3、IC4 使用，这样既保证了数字不丢失，又节约了电池用电。电阻 R6 ～ R13 的作用是保证停电时不让太大的电池电流流入 IC5 和 IC6。

元件选择

集成电路 IC1 选用双运放电路 LM358。IC2 用三端稳压块 7809。IC3、IC4 选用十进制同步加 / 减计数器 HEF40192 或 CD40192。IC5、IC6 选用译码器 MC14511 或 CD4511。数码管用 0.5in 的共阴数码管。电子表用市售或网售的玩具电子表。变压器 B 用 3W 双 6V。VD8 用 0.5W 6V 的稳压管。电池 E 用 9V 叠层电池。

制作与调试

制作时，先将电子表拆开，在电子表电路板的 12、13 脚用细漆包线焊两条引线引出，再把电子表装好粘在制作好的电路板上。按图 9-25 制作一块电路板，制作好的电路板正面和反面如图 9-26 和图 9-27 所示。然后连接各导线检查无误后，接上电源用镊子碰电子表的调校端在显示为“A”时，IC1 输出端应为高电平（5.5V）。显示“P”时应为低电平（0V）。同时数码管能显示说明电路基本正常。接下去再调整初始时间，按动按钮开关 K，数码管显示应能变化。先用按钮开关粗调，再用电子表调校端进行细调。细

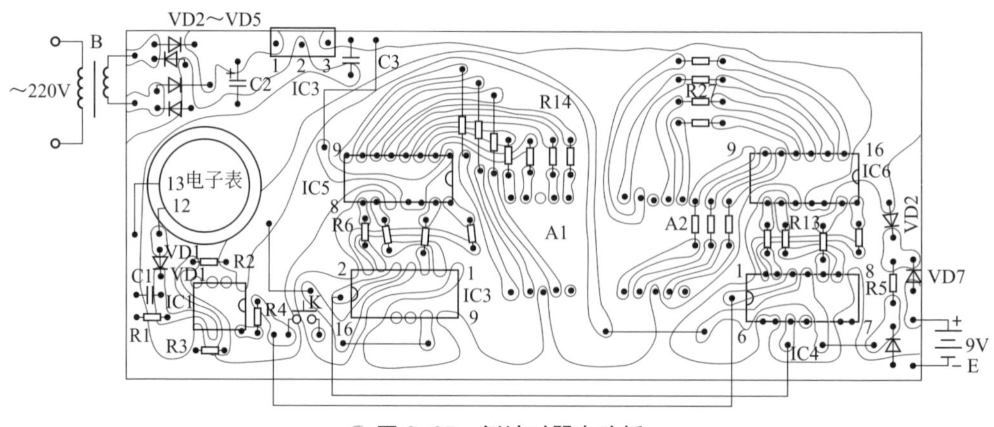

图 9-25 倒计时器电路板

调方法是按动小时调校按钮，使数码管显示所需要的天数，再把电子表小时设定在当前的时间上。这样倒计时器即能正常工作。

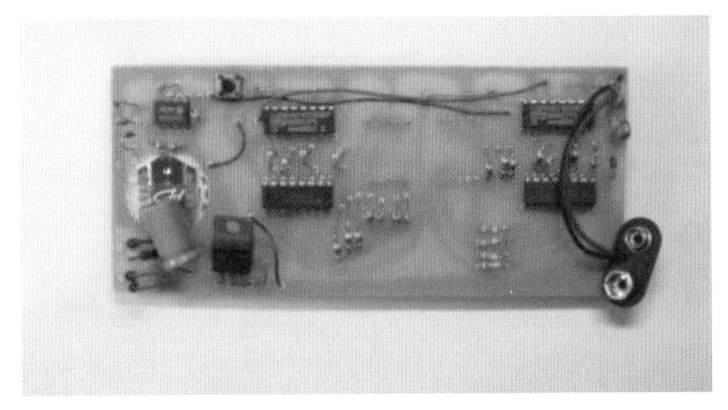

图 9-26　制作好的电路板正面

图 9-27　制作好的电路板反面

7　挂瓶报警器

本节介绍的挂瓶报警器适用于医院病人挂吊瓶时，吊瓶打完用语言报警，使护士及时进行随后的处理工作，避免了人工看护的麻烦。

工作原理

如图 9-28 所示。药液瓶的瓶肩上装有红外发射管、接收管，它们是 VD5 和 VD6。当红外光从瓶的一侧照射到另一侧时，由于瓶中药液的作用，在有药液时就相当于一个凸透镜，把红外光会聚到另一侧中间位置很窄的部位。而接收装置则固定在偏离中间位置的地方。因此，红外接收管 VD6 没有受到红外光的照射。当瓶挂完后，由于瓶中没有药液，红外光照射范围变大，这样红外光通过药液瓶直接照射到红外接收管上。

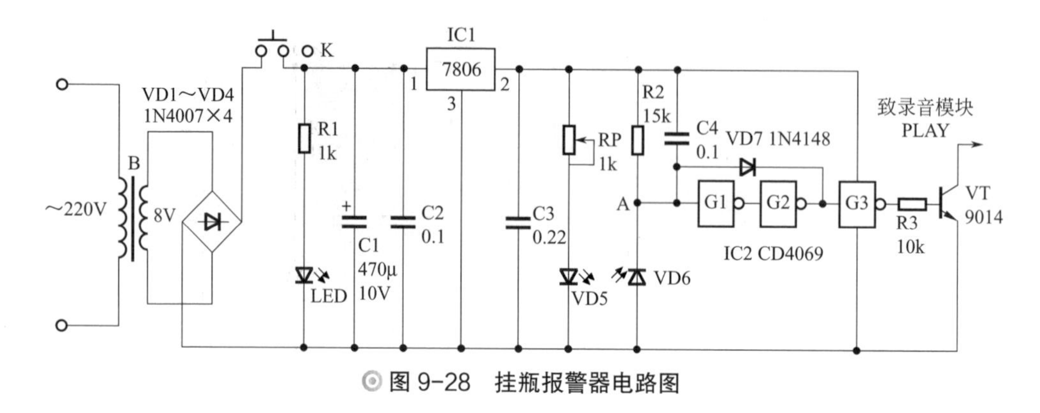

◎ 图 9-28　挂瓶报警器电路图

当无红外光照射到接收管 VD6 时反向电阻很大，使 A 点为高电平，经过 CD4069 中的 3 个非门 G1 ～ G3 后变为低电平，三极管 VT 截止，录音模块不工作。当 VD6 受红外光照射时，A 点变为低电平，经过 3 个非门后变为高电平，三极管饱和导通，使录音模块工作。由扬声器发出“挂瓶结束”的声音进行语音报警。同时，由于二极管 VD7 的作用使电路自锁，报警语音不停，直到有人断开开关 K 为止。

元件选择

变压器 B 选用 3W 8V。集成块 IC1 用 7806，不必加散热片。红外发射管和接收管 VD5、VD6 用直径 5mm 普通型。集成块 IC2 用六非门 CD4069。三极管 VT 用 9014，β 为 150 ～ 200 的塑封管。录音模块可以用 API9301，能录 20s 内容，如图 9-29 所示，也可用录音 20s 其他型号的录音模块。其他无特殊要求。

◎ 图 9-29　录音模块

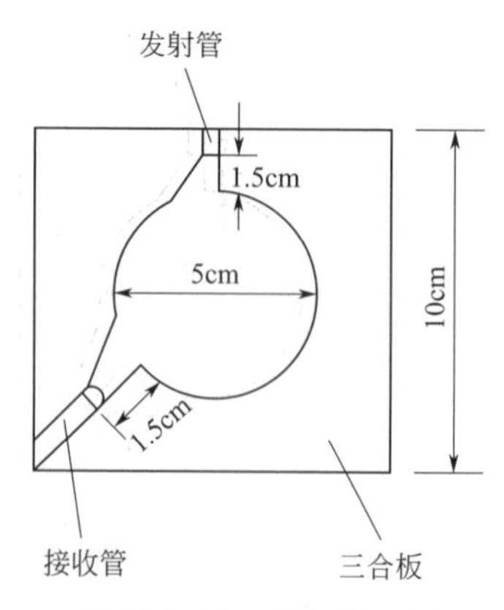

◎ 图 9-30　正方形木板

制作与调试

寻找三合板一块把它加工成 4 块如图 9-30 大小的正方形木板进行叠合，中间挖出孔，以便能装进药液瓶的瓶颈。在中间开出如图形状的槽，以便发光管和接收管能装入内部并接收良好。同时考虑到液面对红外光的反射和自然光可能造成的影响，把发射管、接收管装进去一些。然后用万能胶粘上底下的三块板，等调试完毕再把第四块板粘上。

接着按图 9-31 制成线路板，元件焊接完成如图 9-32 所示。

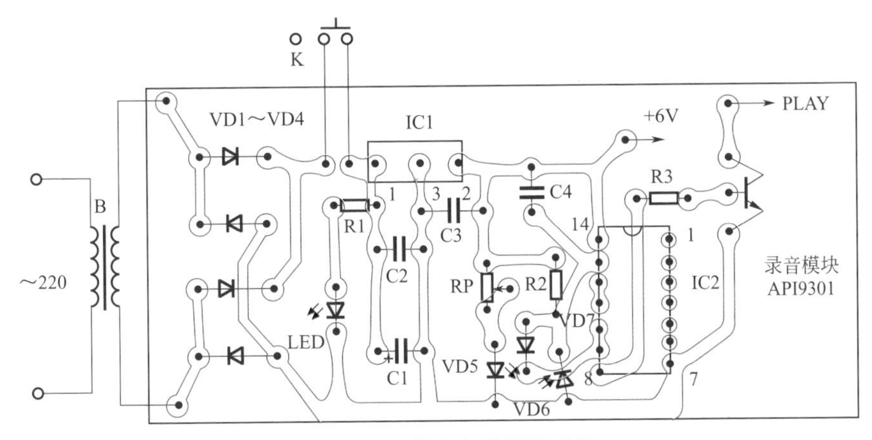

图 9-31　挂瓶报警器线路板

检查焊接的元件无误后，接上导线进行调试。先调 RP 使红外发射管工作电流在 20～25mA 之间。不装药液瓶时，VD6 两端电压应为 0.10～0.13V。装上有药液的瓶后，VD6 两端电压应为 5.0V 以上，瓶中药液流完后应能报警即可。

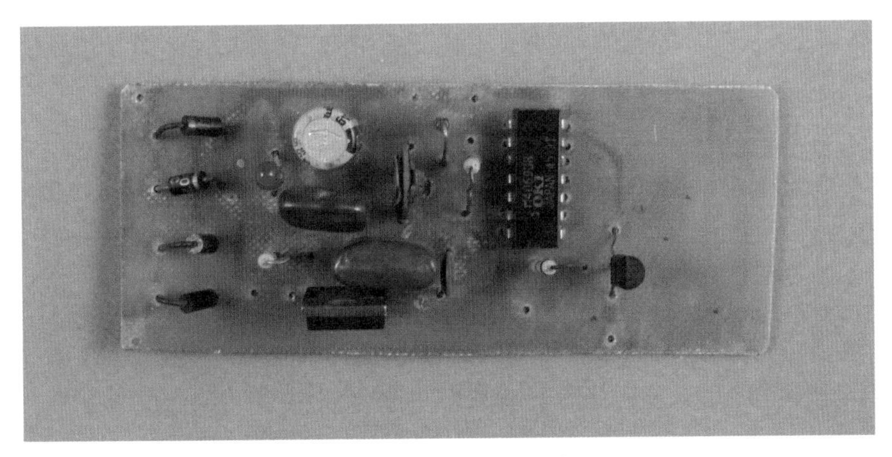

图 9-32　元件焊接完成图

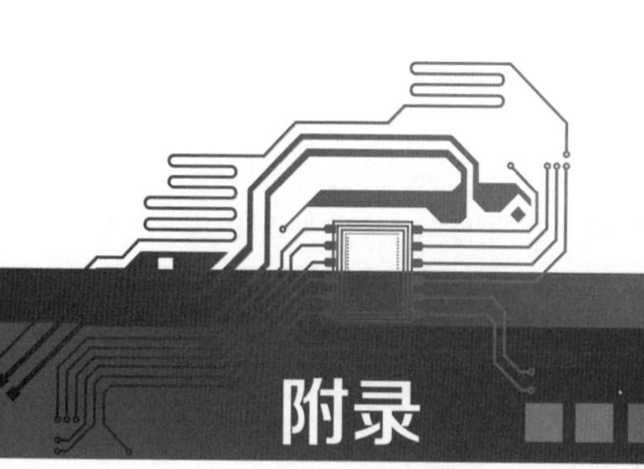

附录 实用单片机程序

1 午休定时器程序

```
ORG 0000H
LJMP START
ORG 001BH
LJMP T1INT
START:MOV TMOD, #06H
MOV TH0, #0EDH
MOV TL0, #0EDH
SETB TR0
LOOP:MOV A, #00H
DISP:JNB P3.2, START1
JB P3.3, DISP
LCALL DELAY
JB P3.3, DISP
DISP1:JNB P3.3, DISP1
LCALL DELAY
JNB P3.3, DISP1
CLR P3.4
NOP
NOP
SETB P3.4
MOV R6, A
MOV DPTR, #TAB
MOVC A, @A+DPTR
MOV P1, A
MOV A, R6
INC A
JBC TF0, LOOP
SJMP DISP
START1:CLR P3.0
MOV SP, #30H
CLR TR0
MOV A, #00H
MOV TMOD, #10H
MOV TH1, #3CH
MOV TL1, #0B0H
MOV R0, #64H
MOV R1, #3CH
MOV A, TL0
SUBB A, #0EDH
MOV R3, A
```

```
SETB EA
SETB ET1
SETB TR1
SJMP $
T1INT:MOV TH1，#3CH
MOV TL1，#0B0H
DJNZ R1，NEXT
MOV R1，#3CH
DJNZ R0，T1INT
MOV R0，#64H
DJNZ R3，T1INT
LOOP1:SETB P3.7
SETB P3.0
LCALL DELAY1
CLR P3.7
CLR P3.0
LCALL DELAY1
SJMP LOOP1
DELAY1:MOV R4，#0FFH
D1:MOV R5，#0FFH
D2:DJNZ R5，D2
DJNZ R4，D1
RET
NEXT:RETI
TAB:DB 0FEH， 0FDH， 0FBH， 0F7H，
0EFH， 0DFH
DB 0DEH， 0DDH， 0DBH， 0D7H，
0CFH， 0BFH
DB 0BEH， 0BDH， 0BBH， 0B7H，
0AFH， 07FH，0FFH
DELAY:MOV R1，#0AH
DEL0:MOV R2，#0FAH
DEL1:DJNZ R2，DEL1
DJNZ R1，DEL0
RET
END
```

2 双显温度计程序

```
RS EQU P3.2; 液晶数据与命令 I/O 口
RW EQU P3.3; 液晶读写 I/O 口
E  EQU P3.4; 液晶使能端
DB8 EQU P2; 液晶并行数据口
DQ1 EQU P3.6;18B201 总线
DQ2 EQU P3.7;18B202 总线

LSB EQU 30H; 存储温度数据的高字节和低
字节
MSB EQU 31H
ORDER EQU 32H; 存放一个字节的命令字
FLAG EQU 33H; 温度正负标志位
FEN EQU 34H; 温度值的各存储位
GEE EQU 35H
SHI EQU 36H
BAI EQU 37H
TEMPNUM EQU 38H

ORG 00H
START:
SETB DQ1; 使 DQ 端至高电平，避免
DS18B20 复位
SETB DQ2

MOV DB8，#01H
ACALL SBUSY
```

```
MOV DB8, #02H
ACALL SBUSY
MOV DB8, #01H
ACALL SBUSY
MOV DB8, #38H; 初始化液晶
ACALL SBUSY; 调用写命令子程序
MOV DB8, #0CH
ACALL SBUSY
MOV DB8, #06H
ACALL SBUSY

QQQ:
LCALL LINE; 显示器第一、二行显示字母


MOV R1, #30H
MOV R0, #8
CLEAR1:
MOV @R1, #00H
INC R1
DJNZ R0, CLEAR1

LCALL RST18B201
LCALL DIST1
LCALL READ18B201
LCALL BTOD

MOV DB8, #85H; 显示符号
ACALL SBUSY
MOV P2, FLAG
ACALL RBUSY

MOV DB8, #86H; 显示百位
ACALL SBUSY
MOV DB8, BAI
ACALL RBUSY

MOV DB8, #87H; 显示十分位
ACALL SBUSY
MOV DB8, SHI
ACALL RBUSY

MOV DB8, #88H; 显示个位
ACALL SBUSY
MOV DB8, GEE
ACALL RBUSY

MOV DB8, #89H; 显示十分位
ACALL SBUSY
MOV DB8, #'.'
ACALL RBUSY

MOV DB8, #8AH; 显示十分位
ACALL SBUSY
MOV DB8, FEN
ACALL RBUSY

MOV R1, #30H
MOV R0, #8
CLEAR2:
MOV @R1, #00H
INC R1
DJNZ R0, CLEAR2

LCALL RST18B202
LCALL DIST2
LCALL READ18B202
LCALL BTOD

MOV DB8, #0C5H; 显示符号
ACALL SBUSY
MOV P2, FLAG
ACALL RBUSY

MOV DB8, #0C6H; 显示百分位
ACALL SBUSY
```

```
MOV DB8, BAI
ACALL RBUSY

MOV DB8, #0C7H; 显示十分位
ACALL SBUSY
MOV DB8, SHI
ACALL RBUSY

MOV DB8, #0C8H; 显示个位
ACALL SBUSY
MOV DB8, GEE
ACALL RBUSY

MOV DB8, #0C9H; 显示十分位
ACALL SBUSY
MOV DB8, #'.'
ACALL RBUSY

MOV DB8, #0CAH; 显示十分位
ACALL SBUSY
MOV DB8, FEN
ACALL RBUSY

LCALL TWOS
JMP QQQ

LINE:

MOV DB8, #82H;1
ACALL SBUSY
MOV DB8, #49H


SETB RS
CLR RW
CLR E
ACALL DELAY
SETB E

MOV DB8, #83H;2
ACALL SBUSY
MOV DB8, #6EH

SETB RS
CLR RW
CLR E
ACALL DELAY
SETB E

MOV DB8, #84H;3
ACALL SBUSY
MOV DB8, #3AH

SETB RS
CLR RW
CLR E
ACALL DELAY
SETB E

MOV DB8, #8BH;4
ACALL SBUSY
MOV DB8, #0DFH

SETB RS
CLR RW
CLR E
ACALL DELAY
SETB E

MOV DB8, #8CH;5
ACALL SBUSY
MOV DB8, #43H

SETB RS
CLR RW
CLR E
```

```
ACALL DELAY
SETB E

MOV DB8, #0C1H;6
ACALL SBUSY
MOV DB8, #4FH

SETB RS
CLR RW
CLR E
ACALL DELAY
SETB E

MOV DB8, #0C2H;7
ACALL SBUSY
MOV DB8, #75H

SETB RS
CLR RW
CLR E
ACALL DELAY
SETB E

MOV DB8, #0C3H;8
ACALL SBUSY
MOV DB8, #74H

SETB RS
CLR RW
CLR E
ACALL DELAY
SETB E

MOV DB8, #0C4H;9
ACALL SBUSY
MOV DB8, #3AH

SETB RS
CLR RW
CLR E
ACALL DELAY
SETB E

MOV DB8, #0CBH;10
ACALL SBUSY
MOV DB8, #0DFH

SETB RS
CLR RW
CLR E
ACALL DELAY
SETB E

MOV DB8, #0CCH;11
ACALL SBUSY
MOV DB8, #43H

SETB RS
CLR RW
CLR E
ACALL DELAY
SETB E
RET

SBUSY:; 液晶写指令准备子程序
CLR RS
CLR RW
CLR E
SETB E
ACALL DELAY
RET

RBUSY:; 液晶写数据准备子程序
```

```
SETB RS
CLR RW
CLR E
SETB E
ACALL DELAY
RET

DELAY:;准备子程序中充当读忙作用的延时程序
MOV R0，#10
D2:MOV R1，#50
D1:DJNZ R1，D1
DJNZ R0，D2
RET


TWOS:MOV R0，#1
DWOS:MOV R1，#255
DWOS1:MOV R2，#255
DJNZ R2，$
DJNZ R1，DWOS1
DJNZ R0，DWOS
RET

;--------复位DS18B201--------
RST18B201:
SETB DQ1
NOP
CLR DQ1;大于480ms小于960ms的延时，主机发出复位脉冲
MOV R0，#3
DSR1:MOV R1，#100
DJNZ R1，$
DJNZ R0，DSR1

SETB  DQ1;置高电平，检测18B20的存在脉冲
MOV R0，#20
DJNZ R0，$
DSR3:JB DQ1，DSR3
MOV R0，#250;延时时间大于480ms
DJNZ R0，$
RET
;--------复位DS18B202--------
RST18B202:
SETB DQ2
NOP
CLR DQ2;大于480ms小于960ms的延时，主机发出复位脉冲
MOV R0，#3
DSR2:MOV R1，#100
DJNZ R1，$
DJNZ R0，DSR2

SETB  DQ2;置高电平，检测18B20的存在脉冲
MOV R0，#20
DJNZ R0，$
DSR4:JB DQ2，DSR4
MOV R0，#250;延时时间大于480ms
DJNZ R0，$
RET
;-----------DS18B201精度设置-----------
DIST1:LCALL RST18B201
MOV ORDER，#0CCH;跳过ROM
LCALL WRI18B201
MOV ORDER，#4EH;发出写暂存存储器命令
LCALL WRI18B201
MOV ORDER，#00H;温度上下限设置，此处不用，都设为00h
LCALL WRI18B201
MOV ORDER，#00H
LCALL WRI18B201
MOV ORDER，#1FH;选择分辨率为0.5C
LCALL WRI18B201
```

```
RET
;-----------DS18B202 精度设置 ------
-----
DIST2:LCALL RST18B202
MOV ORDER，#0CCH; 跳过 ROM
LCALL WRI18B202
MOV ORDER，#4EH; 发出写暂存存储器命令
LCALL WRI18B202
MOV ORDER，#00H; 温度上下限设置，此处
不用，都设为 00h
LCALL WRI18B202
MOV ORDER，#00H
LCALL WRI18B202
MOV ORDER，#1FH; 选择分辨率为 0.5C
LCALL WRI18B202
RET
;--------- 写命令子程序 1----------
WRI18B201:
MOV R1，#8;R1 存储一个字节的位数
MOV A，ORDER
WRITE1:
SETB DQ1
NOP
CLR DQ1
MOV R0，#6
DJNZ R0，$
CLR C
RRC A
MOV DQ1，C
MOV R0，#25
DJNZ R0，$
SETB DQ1
DJNZ R1，WRITE1
RET
;--------- 写命令子程序 2----------
WRI18B202:
MOV R1，#8;R1 存储一个字节的位数
MOV A，ORDER
WRITE2:
SETB DQ2
NOP
CLR DQ2
MOV R0，#6
DJNZ R0，$
CLR C
RRC A
MOV DQ2，C
MOV R0，#25
DJNZ R0，$
SETB DQ2
DJNZ R1，WRITE2
RET
;----------- 读温度子程序 1---------
---
READ18B201:
LCALL RST18B201
MOV ORDER，#0CCH; 跳过 ROM
LCALL WRI18B201
MOV ORDER，#44H; 开始转换
LCALL WRI18B201

LCALL RST18B201
MOV ORDER，#0CCH; 跳过 ROM
LCALL WRI18B201
MOV ORDER，#0BEH; 发出读命令
LCALL WRI18B201
LCALL READTB1
RET
;----------- 读温度子程序 2---------
---
READ18B202:
LCALL RST18B202
MOV ORDER，#0CCH; 跳过 ROM
LCALL WRI18B202
MOV ORDER，#44H; 开始转换
LCALL WRI18B202
```

```
LCALL RST18B202
MOV ORDER，#0CCH; 跳过 ROM
LCALL WRI18B202
MOV ORDER，#0BEH; 发出读命令
LCALL WRI18B202
LCALL READTB2
RET
;---------- 读两个字节子程序 1-------
----
READTB1:
MOV R3，#2;R3 处存储字节数
MOV R1，#30H; 将温度低字节给 R1
DRE0:MOV R2，#8
DRE1:SETB DQ1
NOP
NOP
CLR DQ1
NOP
NOP
SETB DQ1
MOV R0，#6
DJNZ R0，$
MOV C，DQ1
MOV R0，#25
DJNZ R0，$
RRC A
DJNZ R2，DRE1
MOV @R1，A
INC R1
DJNZ R3，DRE0
RET
;--------- 读两个字节子程序 2--------
---
READTB2:
MOV R3，#2;R3 处存储字节数
MOV R1，#30H; 将温度低字节给 R1
DRE2:MOV R2，#8
DRE3:SETB DQ2
NOP
NOP
CLR DQ2
NOP
NOP
SETB DQ2
MOV R0，#6
DJNZ R0，$
MOV C，DQ2
MOV R0，#25
DJNZ R0，$
RRC A
DJNZ R2，DRE3
MOV @R1，A
INC R1
DJNZ R3，DRE2
RET


BTOD:
ACALL THREE
ACALL SFLAG
ACALL SFEN
ACALL SSHIGEE
RET

THREE:; 将数据移到低字节
MOV R4，LSB
MOV R5，MSB

MOV R3，#3
DTR:; 移位三次，将有高字节中的三位数据转移到低字节
CLR C
MOV A，R5
RRC A
MOV R5，A
```

```
MOV A，R4;R5 中保存有符号位，R4 中保存有数据位，R4 最低位为小数位
RRC A
MOV R4，A
DJNZ R3，DTR

MOV LSB，R4
MOV MSB，R5
RET

SFLAG:; 置位正负位，将数值转换为原码
CJNE R5，#00H，SFL
MOV FLAG，#'+'
JMP OUTSFLAG
SFL:
MOV FLAG，#'-'
CLR C
MOV A，LSB
DEC A
CPL A
MOV LSB，A
OUTSFLAG:MOV BAI，#'0'
RET

SFEN:; 置 fen 位
CLR C
MOV A，LSB
RRC A
MOV LSB，A
JC SFE
MOV FEN，#'0'
JMP OUTSFEN
SFE:MOV FEN，#'5'
OUTSFEN:
RET

SSHIGEE:
MOV DPTR，#BCD
MOV A，LSB
MOVC A，@A+DPTR

MOV R1，A
MOV A，#0FH
ANL A，R1
ADD A，#48
MOV GEE，A
MOV A，#0F0H
ANL A，R1
SWAP A
ADD A，#48
MOV SHI，A
RET

BCD:DB
00H，01H，02H，03H，04H，05H，06H，07H，08H，09H
DB
10H，11H，12H，13H，14H，15H，16H，17H，18H，19H
DB
20H，21H，22H，23H，24H，25H，26H，27H，28H，29H
DB
30H，31H，32H，33H，34H，35H，36H，37H，38H，39H
DB
40H，41H，42H，43H，44H，45H，46H，47H，48H，49H
DB
50H，51H，52H，53H，54H，55H，56H，57H，58H，59H
DB
60H，61H，62H，63H，64H，65H，66H，
```

```
67H，68H，69H
DB
70H，71H，72H，73H，74H，75H，76H，
77H，78H，79H
DB
80H，81H，82H，83H，84H，85H，86H，
87H，88H，89H
DB
90H，91H，92H，93H，94H，95H，96H，
97H，98H，99H
END
```

典型电子制作成品展示

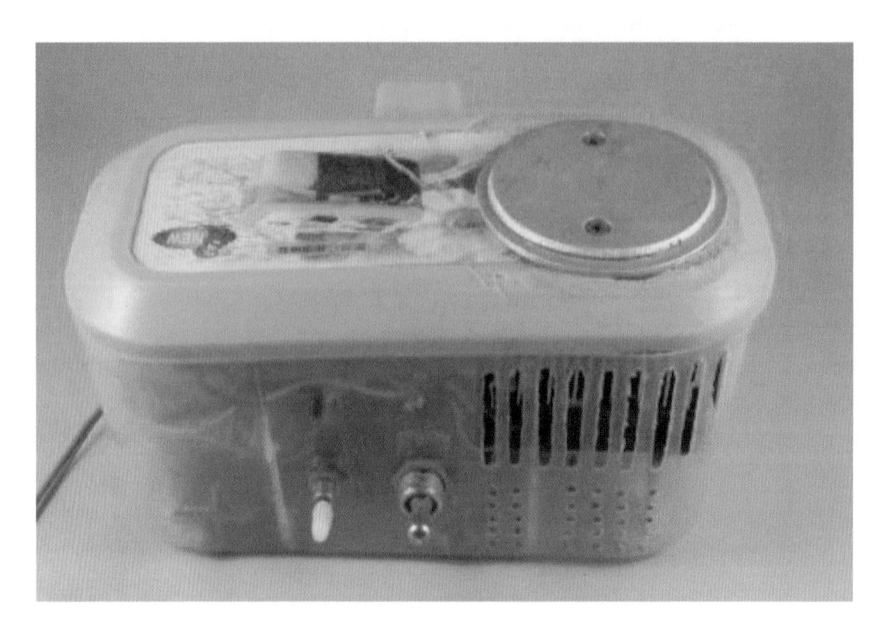

水杯制冷 / 制热装置

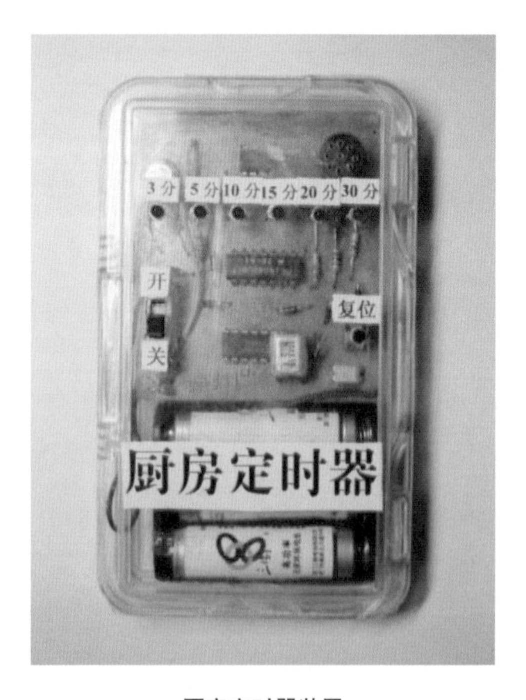

厨房定时器装置

食人鱼发光管手电筒

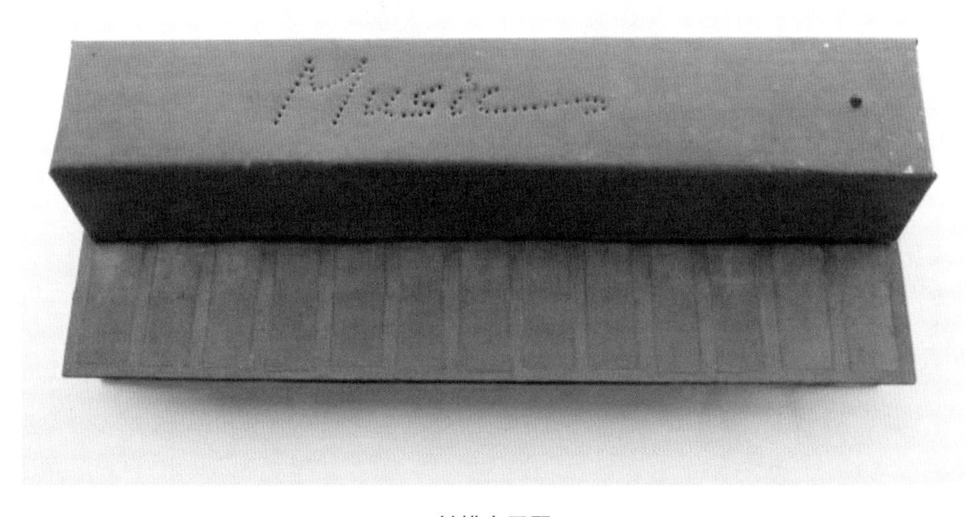

触摸电子琴

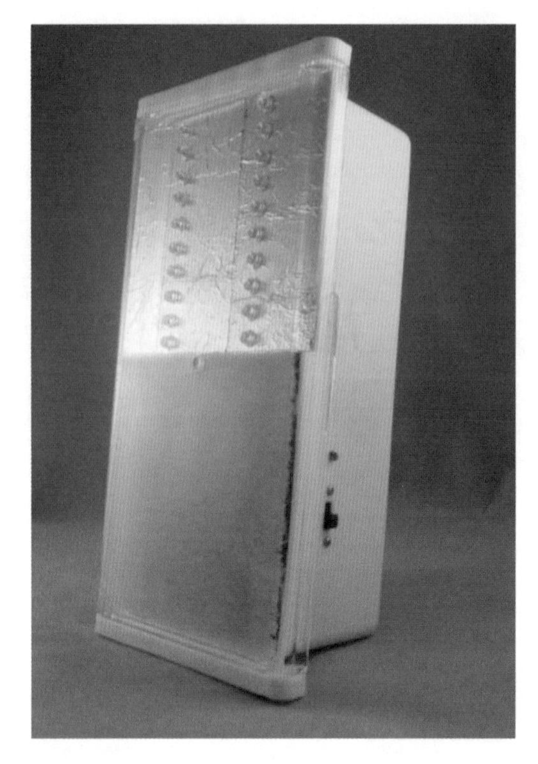

户外活动灯

家用太阳能应急灯